수학 진짜
잘하는 법을
알려줄게요.

수학 지도가 어려운 초등 학부모를 위한
전략적 수학 학습 로드맵

수학 진짜
잘하는 법을
알려줄게요.

 교집합 스튜디오 멘토

주단 지음

북북북
PUBLISHING COMPANY

수학은 딱 이 '3가지'만 있으면
잘할 수 있습니다

"우리 아이, 지금 수학 공부 잘하고 있는 건가요?"

구체적인 상황은 조금씩 다르지만 강연장에서 제가 가장 많이 받는 질문입니다. 초등학생 자녀를 둔 학부모님의 얼굴에는 늘 이런 고민이 가득하시더라고요. 수많은 선행 학습 정보, 끊임없이 쏟아지는 학원 광고, 이웃 학부모들의 '카더라', 온라인 속 전문가들의 온갖 조언까지… 정보는 넘쳐나지만 오히려 그것 때문에 더 혼란스러워하시는 분이 많습니다.

수학 진짜 잘하는 법을 알려줄게요.

하지만 여러분, 걱정하지 마세요.

　수학은 생각보다 단순합니다. 아니, 단순하게 접근해야 합니다. 오랫동안 수많은 초중고 아이를 가르치면서 깨달은 것이 있는데요, 성공적인 수학 학습을 위해 정말로 필요한 것은 단 3가지뿐이라는 사실입니다.

　첫째는 **'우리 아이 제대로 알기'**입니다. 아이가 수학을 어떻게 생각하고 있는지, 실제로 어느 정도의 실력을 가지고 있는지 정확하게 파악하는 거예요. 어떤 아이는 수학을 좋아하지만 자신감이 부족하고 어떤 아이는 실력은 있지만 흥미가 없습니다. 이 책에서는 수학 학습 심리 테스트, 학년군별 영역별 필수 수학 용어 테스트 등 구체적인 진단 도구를 통해서 우리 아이의 현재 상태를 비교적 정확하게 파악할 수 있도록 도와드리겠습니다.

　둘째는 **'확실한 수학 로드맵'**입니다. 초등학교 1학년부터 고등학교 3학년까지, 12년의 수학 여정을 어떻게 설계할 것인가에 대한 큰 그림이 필요합니다. 이 책은 학년별 특징과 중점 사항, 주의해야 할 단원 그리고 각 시기에 학부모님이 가장 많이 고민하시는 지점, 대표적으로 선행·심화 학습의 적절한 균형부터 수 감각 키우기, 사고력 수학, 수학 동화, 문제집 선택, 사교육 활용, 경시대회 참가, 후행 학습, 오답 관리, 쓰는 수학 공부, 자기주도 수학 학습 등 가려운 부분을 하나하나 긁어주는 명확한 솔루션을 제공합니다. 현실적이고 실천 가능한 로드맵을 통해서 막연한 불안감 대신에 확실한 방향성을 얻으실 수 있을 겁니다.

셋째는 '**제대로 된 수학 공부법**'입니다. 열심히 하는 것보다 중요한 것은 제대로 하는 것이겠죠? 이 책에서는 초등 때부터 반드시 갖춰야 할 수학 정서, 학습 태도·습관, 효과적인 교과서 활용법, 개념 학습법, 문제집 활용법 등 실제적이고 구체적인 학습 방법을 제시합니다. 특히 수학 문해력 향상을 위한 다양한 전략도 함께 다루고 있어요.

이 세 가지만 제대로 갖춘다면 수학교육의 70% 아니 80%는 해결된다고 감히 말씀드릴 수 있습니다. 물론 나머지 20%를 위해서는 아이의 노력과 시간이 필요하겠죠. 하지만 방향만 제대로 잡혀 있다면 그 노력과 시간은 결코 헛되지 않을 거라고 생각합니다.

수학 진짜 잘하는 법을 알려줄게요.

"신이 어머니를 창조한 것은 신이 모든 곳에 있을 수 없었기 때문이다."라는 말 들어보셨지요? 저 역시 수학교육 전문가로서 모든 학부모님의 곁에 항상 있을 수는 없지만 이 책으로 여러분의 든든한 길잡이가 되어드리고 싶습니다. 때로는 전문가로서, 때로는 선배로서, 여러분과 함께 고민하면서 우리 아이들이 수학의 진정한 매력과 가치를 발견할 수 있도록 돕겠습니다.

그럼 이제, 여러분의 도움으로 인해 우리 아이들이 수학과 즐겁게 만나는 여정을 시작해 볼까요? 그 여정에서 이 책이 여러분의 작은 등불이 되길 기대합니다.

차례

들어가며
수학은 딱 이 '3가지'만 있으면 잘할 수 있습니다 • 4

1부

초등 수학, 선택의 순간들:
'와, 이럴 땐 어떻게 해야 하지?'

초등 저학년 시기: 초등 입학 후의 좌충우돌 2년   18

초등 중학년 시기: 초등 수학에 정착하는 2년   24

초등 고학년 시기: 중등 수학을 준비하는 2년   30

2부

우리는 수학에 대해서
얼마나 알고 있을까?

1장 수학 교육에 대한 학부모들의 오해 8가지   39

• '수학 머리'에 대한 고정 관념: '수학 머리'는 타고난다? • 43

• 학습량과 시기에 대한 오해: 무조건 많이, 무조건 일찍? • 46

• 수학 학습 방법에 대한 편견: 반복하는 게 정답? • 49

• 사고력 학습에 대한 오해: 사고력 수학은 필수? 선택? • 53

·수학 공부의 주도권에 대한 오해: 수학은 혼자 공부하기 힘들다? • 56

·학습 동기와 흥미에 대한 오해: 수학 공부를 즐겁게 할 수는 없을까? • 59

·평가와 학업 성취에 대한 편견: 학교 시험만 잘 보면 된다? • 62

·부모의 역할에 대한 오해: 나는 아이 수학 학습에 도움이 되는 부모일까?
• 65

2장 우리 아이를 정확히 파악하는 수학 테스트 2가지   71

·수학 학습 심리 테스트 • 71
  초등 저학년(1-3학년)용 테스트 • 72
  초등 고학년(4-6학년)용 테스트 • 79

·학년군별, 영역별 필수 수학 용어 테스트 • 85
  초등 1-2학년군 • 86
  초등 3-4학년군 • 89
  초등 5-6학년군 • 95

3부

초중고 수학,
한눈에 보는 핵심 로드맵

1장 초등 수학부터 고등 수학까지의 현실   105

·초중등 수학 점수는 진짜 실력이 아니다 • 108

·수학 선행을 해야 하는 현실적인 이유 3가지 • 111
  급격히 늘어나는 학습량 • 111
  체감 난이도 급상승 • 113

현실적으로 부족한 시간 • 114

•선행을 일찍 시작한 아이 부모가 땅 치고 후회한 사연 • 118

•은히 행해지고 있는 선행 학습의 진실 • 122

•현실적이고 튼튼한 선행을 위한 준비 단계 • 129
　예습과 선행은 목적과 깊이가 다릅니다 • 129
　선행을 해야 하는 아이는 이런 아이입니다 • 133

•선행 학습보다 심화 학습에 목숨을 걸어야 하는 이유 3가지 • 138

•수학 심화 학습은 이렇게 해야 합니다 • 144

2장 초등부터 고1까지 현실적인 수학 학습 로드맵　　　　149

•**초등 1학년: 수 감각의 기초를 다지는 때**
　1학년 수학, 약점 살펴보기 • 149
　Choice1. 수학 경험과 노출 • 151
　Choice2. 수 감각 키우기 • 161
　Choice3. 교과 문제집 & 심화 문제집 풀기 • 162

•**초등 2학년: 수학적 사고력과 언어의 기초를 다지는 시기**
　2학년 수학, 약점 살펴보기 • 165
　Choice1. 1, 2학년 연산 점검하기 • 166
　Choice2. 사고력 수학 경험하기 • 168
　Choice3. 수학 문해력 키우기 • 172
　　　　　수학 동화 읽기 | 수학 일기 쓰기
　Choice4. 규칙적인 수학 학습 습관 들이기 • 194

· 초등 3학년: 본격적인 수학의 시작

3학년 수학, 약점 살펴보기 • 196

Choice1. 3학년 때 꼭 제대로 익혀야 하는 단원 • 197

나눗셈 | 분수

Choice2. 우리 아이에게 딱 맞는 교과 문제집 고르기 • 204

기본 문제집 고르는 법 | 디지털 도구 활용법

Choice3. 첫 사교육 선택 고민 • 213

Choice4. 경시대회 참여하기 • 215

· 초등 4학년: 영역의 확장 및 균형이 필요한 시기

4학년 수학, 약점 살펴보기 • 218

Choice1. 올바른 연산 학습법 점검하기 • 219

단계별 추천 연산 학습법 | 연산 실수를 단번에 줄이는 방법

Choice2. 영역별 보충, 후행 학습하기 • 227

Choice3. 수행평가 역량 키우기 • 231

알아두면 좋을 컴퓨터 활용 능력

· 초등 5학년: 개념의 심화와 도약을 준비하는 시기

5학년 수학, 약점 살펴보기 • 239

Choice1. 5학년 때 꼭 제대로 익혀야 하는 단원 • 241

분수 | 어림하기

Choice2. 초등 심화의 필요성과 방법 • 243

Choice3. 오답 관리하기 • 246

Choice4. 쓰는 수학 공부 시작하기 • 251

· 초등 6학년: 초등 수학의 완성과 중등 수학의 시작

6학년 수학, 약점 살펴보기 • 255

Choice1. 초등 전체 과정 중 부족한 영역 점검하기 • 256

Choice2. 6학년 때 꼭 제대로 익혀야 하는 단원 • 259

분수의 나눗셈 | 비와 비율, 비례식과 비례배분

Choice3. 자기주도학습의 틀 잡기 • 263

초등을 위한 중등 선행 학습 가이드 • 268

• 중학교: 개념의 통합과 확장, 고등 수학을 준비하는 시기 • 271

　중학교 수학에서 우선순위 단원 • 271

　중학교 수학 선행 학습 스케줄 • 275

　1학년: 중학교 적응기 • 278

　　수업에 집중하기 | 수행평가 대비하기

　2학년: 중학교 생활의 안정기 • 285

　　내신 대비 | 공부 주도권 잡기 | 고등 선행 학습의 기준

　3학년: 중3 겨울방학은 마지막 역전의 기회 • 292

• 고등학교 1학년: 새로운 시작과 도전 • 296

4부

진짜 수학을 잘하기 위한
'수학 공부법'의 모든 것

1장　초등 때부터 갖추어야 할 학습 역량　　　　　　　303

• 지속 가능한 수학 정서 만들기 • 303

　자기효능감 • 306

　수학은 당연히 배워야 하는 것 • 308

• 반드시 필요한 수학 학습에 대한 태도 6가지 • 312

• 초등 때 반드시 갖춰야 할 수학 학습 습관 5가지 • 318

• 아무리 강조해도 지나치지 않는 '수학 문해력' 기르기 • 325

　문장제 문제 정복하기 • 326

　서술형 문제 정복하기 • 332

2장 초등 때부터 훈련해야 하는 필수 수학 학습법　　　337

•**가장 기본, '교과서' 훑어보기** • 337

　교과서 200% 활용하기 • 338

　나만의 교과서 만들기 • 342

•**수학 공부의 시작, '개념' 학습법** • 344

　개념 카드 만들기 • 347

　개념 누적 복습법 • 350

　백지 테스트와 목차 활용법 • 354

•**'수학 문제집' 200% 활용하기** • 357

　문제집 N회독 하기 • 357

•**수학 '오답' 해결하기** • 363

　오답이 생기는 이유 3가지와 해결법 • 363

•**'사교육' 활용하기** • 368

　사교육의 종류별 장단점 • 369

　좋은 수학 학원의 조건 • 372

1부 초등 수학, 선택의 순간들

'와, 이럴 땐 어떻게 해야하지?'

초등학교에 입학하는 때부터 6년간, 자녀의 수학 학습에 진심인 학부모라면 누구나 한 번쯤 겪었을 '선택의 순간'을 이야기로 재구성했습니다. 몇 년 전과 현재 그리고 가까운 미래에 다가올 고민의 한 조각을 들여다보면서 이 책을 어떻게 활용하면 좋을지 미리 생각해 보시면 좋겠어요.

• • •

1장

초등 저학년 시기: 초등 입학 후의 좌충우돌 2년

"민준아, 이건 어떻게 푸는 거야?"
"몰라. 그냥 이렇게 하면 되지 않아?"
"그게 아니라… 어휴."

숙제 한 장을 놓고 오늘도 한숨만 쌓여 갑니다. 벌써 두 시간 째예요. 다른 집 아이들은 이 정도 분량이면 30분이면 끝낸다는데 우리 집 아이는 왜 이럴까요? 고작 초등학교 1학년 2학기 교과서 문제 수준인데 말입니다. 때로는 두 손 두 발 다 들고 싶습

수학 진짜 잘하는 법을 알려줄게요.

니다. 특히 숙제하는 시간이 가장 힘들어요. 한 페이지 푸는 데 두 시간씩 걸리는 건 기본이며 중간중간 딴짓도 하고 때로는 조금 나무란다고 울먹거리는 아이를 달래느라 세 시간이 넘게 걸릴 때도 있습니다. 다른 집 엄마들은 아이를 어떻게 지도하는지, 우리 애는 도대체 뭐가 문제인지 도무지 알 수가 없네요.

작년 이맘때만 해도 저는 자신만만했습니다. 유치원에서도 수학 교구 놀이를 즐긴다고 하고 또래에 비해 덧셈, 뺄셈도 제법 잘하는 것 같았거든요. (사실은 아니었던 걸까요?) 그런데 학교에 들어가고 나서는 웬걸. 수학 문제를 풀게 하는 게 이렇게 힘들 줄이야.

이런 말을 학교에서든 학원에서든 학습지 선생님에게서든 상담 때마다 듣습니다. 잘한다고 믿었건만 이제 와서 보니 수를 세는 것도 더디고 수의 크기를 가늠하는 것도 어려워한다네요. 친구들은 숫자만 봐도 '아, 이건 이만큼이구나' 하고 감을 잡는다는데 우리 아이는 늘 손가락을 꼽아가며 하나하나 세고 있어요. 이대로 둬도 되는 건지 걱정만 쌓여갑니다.

SNS만 열어 보아도 교육 정보가 쏟아집니다. 수학 교구로는 이것저것을 사야 한다며 추천하는 글도 보이고 '수학 동화'가 필수라는 이야기도 있습니다. 초등 저학년이라면 사고력 수학은 기본이고 연산 놀이도 매일 해야 한다고 하던데 정말 그 모든 걸 다 해야 할까요? 만약 그렇다면 뭐부터 어떻게 시켜야 하는 거죠?

사실 얼마 전에는 학원을 알아보러 아이와 함께 다녀왔습니다. (앞서 말한 상담 때란 바로 그때입니다. 상담하러 간 김에 레벨 테스트를 받았거든요.) '이제 1학년인데 너무 이른 거 아닐까?' 하는 생각도 들었지만 주변에서 하도 권하기에 추천받은 곳으로 갔었죠. 원장 선생님께서는 민준이의 부족한 부분을 짚으시며 '지금이 딱 시작하기 좋을 때'라고 말씀하시네요. 심지어 '요즘은 유치원 때부터 학원에 다니는 추세'라는 말까지 덧붙이시더라고요. 그러고 보니 아이의 친구 중에도 학원에 다니는 아이가 꽤 있긴 합니다.

하지만 저는 아직도 혼란스럽네요. 수학 공부, 얼마나 시켜야 하는 건지 말이에요. 학원도 보내고, 문제집도 풀리고, 교구 활동도 하고, 수학 동화도 읽히고… 이렇게 다 하는 게 정말 맞을까요? 아니면 아이의 속도에 맞춰서 천천히 가도 괜찮을까요? 유난을 떠는 엄마가 되고 싶지는 않은데 그렇다고 그냥 두었다가 시기를 놓치고 후회하거나 아이나 주변으로부터 원망을 듣고 싶지도 않습니다.

그나마 위안이 되는 건 친구들과 이야기를 나눠보면 저만 이런 고민을 하는 게 아니라는 거예요. 그럼에도 여전히 결정은 너무 어렵습니다. 어떤 엄마는 사고력 수학만 고집하다가 기초 연산이 부족해져서 후회한다고 하고, 또 어떤 엄마는 연산만 시켰는데 아이가 수학을 완전히 싫어하게 됐다는 말을 하니 더 그렇습니다.

이제 1학년도 끝나가는데 2학년이 되면 내용이 더 어려워진다고 하니 벌써부터 걱정이 앞섭니다. 우리 아이의 수학 공부, 도대체 어떻게 도와줘야 할까요? 이 같은 고민을 하는 다른 엄마들은 어떤 결정을 하는지 너무나 궁금합니다.

▶ 초등 1, 2학년의 학부모님께 드리는 조언

이 시기 학부모님이 하는 고민의 핵심은 **'무엇을, 얼마나 해야 하는지에 대한 기준이 없다'**는 것입니다.

교구, 독서, 사고력 등 수많은 선택지 앞에서 방황하며, 아이의 기초 수학 능력(수 감각)에 대한 불안감을 느끼는 경우가 많죠. 특히 아이의 학습 속도가 또래와 다를 때 느끼는 불안감이 매우 커서 이는 종종 조급한 선택으로 이어지는 경향이 있습니다.

하지만 이 시기 아이들의 편차는 여러분이 우려하시는 것보다 훨씬 더 미미합니다. 성장하고 있는 과정이기 때문에 아이들 간의 차이가 도드라져 보일 수는 있지만 수년 내에 맞춰질 수 있는 부분이니 큰 걱정은 하지 마세요. 그 대신 아이의 '수학 정서'에 초점을 맞추고 규칙적인 수학 학습 습관을 들이는 것만 주목하시면 됩니다.

수학 진짜 잘하는 법을 알려줄게요.

• • •

2장

초등 중학년 시기: 초등 수학에 정착하는 2년

"엄마, 분수가 뭐예요? 왜 이렇게 어려워요?"

"어? 그게… 음… (당황) 선생님이 수업 시간에

설명해 주시지 않았어?"

"설명해 주셨는데… 잘 모르겠어요."

3학년이 된 아이 질문에 처음으로 당황했던 분수 단원. 저는
그제야 제가 수학을 잘 모른다는 걸 깨달았습니다. (사실 학생 땐
수포자였는데 초등 수학이라고 조금 만만하게 봤었나 봐요.) 1,

수학 진짜 잘하는 법을 알려줄게요.

2학년 때는 그래도 아이의 질문에 어느 정도 설명해 줄 수 있었는데 이제는 저도 헷갈리기 시작하네요. 조금씩 모르겠다는 얘기가 나올 때마다 '이러다 우리 아이도 나처럼 수포자가 되는 게 아닌가?'라는 걱정이 됩니다.

아이 친구 엄마들 모임에서 한 엄마가 그러더군요. "우리 큰애는 3학년 2학기부터 학원에 보냈어요. 남편도 나 몰라라 하고 저도 더는 못 가르치겠더라고요." 그 말을 듣자마자 저희 애를 떠올리며 걱정도 됐지만 왠지 모를 안도감도 들었습니다. 저만 이런 고민을 하는 게 아니었다는 거잖아요. 학원, 그동안은 어리다는 이유로 미뤄두었는데 이제는 정말 보내야 할까 봐요.

학원에 보내야 하나 하고 고민하는 또 다른 이유가 있어요. 바로 문제집 때문입니다. 연산 문제집, 사고력 문제집, 도형 문제집, 교과 문제집, 심화 문제집, 문장제 문제집, 분수 문제집 등등. 서점에 가면 초등 문제집 섹션이 어마어마하게 큽니다. 바라보기만 해도 현기증이 날 지경이에요. 어떤 걸 풀게 할지 도통 감이 잡히지 않아 그냥 베스트셀러 순으로 골라주곤 했어요. 학원에 보내면 학원에서 지정해 주는 게 있을 테니 그나마 제 선택에 대한 부담은 좀 줄어들지 않을까요? 꼭 풀게 해야 하는 걸 모르고 넘어갈까 봐 두려운 마음이 들거든요.

"7×8=56인데… 아, 54라고 썼네."
"엄마, 미안. 또 실수했어요."

저학년에 비해 배우는 수준이 조금 높아지다 보니 최근 들어 쉬운 부분에서도 계산 실수가 너무 잦은 것도 고민입니다. 머릿속으로는 아는데 자꾸 틀리는 거 같아요. 구구단도 완벽하게 외웠다고 생각했는데 시험지만 앞에 두면 이상하게 자주 틀립니다. 친구 엄마는 "우리 애도 그랬는데 연산 학원 다니면서 많이 나아졌어."라고 하네요. 정말 학원에 보내는 것만이 답일까요? 하루에도 몇 번씩 '학원에 보낼까 말까? 보낸다면 어떤 학원에 보내야 할까?' 하고 온통 수학 학원에 대한 생각뿐입니다.

게다가 최근에 더 큰 고민이 생겼습니다. 1, 2학년 때부터 싫어하긴 했는데 요즘 들어 아이가 문장제 문제를 아예 읽으려고도 하지 않는다는 거예요. 일단 문제가 3줄 이상이면 보지도 않고 별표를 해놓거나 그냥 패스입니다. 옆에 앉혀 놓고 엄마가 설명해 줄 테니 풀어보자고 꼬셔도 절대 안 통하네요.

"이건 뭘 물어보는 거야?
"몰라요. 너무 길어요."
"일단 한번 읽어보자."
"싫어요! 어려워요!"

그나마 학교의 단원 평가 성적은 그럭저럭 괜찮은 편이에요. 하지만 시험 보기 전날이면 매번 불안해하고 시험을 보고 나면 "이번엔 실수로 틀린 게 많아요." 하면서 울상을 짓더라고요. 실력도 실력이지만 수학에 자신감이 점점 떨어지는 게 보여서 너무 안타깝습니다.

학년이 올라갈수록 수학이 더 중요해진다는 데 벌써부터 이러면 어떡하죠? 남편은 제가 하도 힘들어하니까 "이제는 학원을 알아봐야 하지 않겠어?"라고 하고 시댁에서도 "요즘은 다들 어릴 때부터 학원에 다닌다더라."라고 하시지만 친정에선 "너무 어린 나이에 학원은…" 하면서 걱정하세요. 그래서 쉽게 결정을 내리지 못하겠습니다. 저는 그저 우리 아이가 수학을 재미있게 배웠으면 좋겠는데 그게 왜 이렇게 어려울까요?

매일 아이가 푼 수학 문제를 채점하고 검사하면서 고민이 깊어집니다. 우리 아이의 수학 실력, 이대로 괜찮을까요? 학원은 언제쯤 보내는 게 좋을까요? 문제집은 어떤 걸 골라줘야 할까요? 계산 실수는 어떻게 하면 줄일 수 있을까요? 학원이 이 모든 걸 해결해 줄 수 있을까요? 이런 고민을 하는 게 저 혼자만은 아닐 거라고 스스로 위안하며 시간을 보내고 있습니다.

이 시기에는 학부모의 **'교육적 한계'**와 **'선택의 기로'**가 뚜렷하게 드러납니다.

분수 개념의 도입과 함께 수학의 추상성이 높아지면서 가정 학습의 한계를 경험하고 자연스럽게 사교육을 고민하게 되죠. 또한 계산 실수, 문장제 기피 등 구체적인 학습 문제가 수면 위로 드러나게 돼서 체계적인 학습 지도의 필요성을 절감하기도 해요. 하지만 학원에 보내야겠다고 생각해도 쉽사리 결정을 내리지는 못합니다. 다음 단계, 바로 '어떤 학원에 보내야 할 것인가'에서 또 선택의 기로에 서게 되니까요. 설령 어렵게 선택한다 해도 아이가 거부할 가능성도 있기 때문에 일방적으로 밀어붙이는 게 부담이 되는 것도 사실입니다.

부모님이 교육의 방향성을 제대로 잡고있다면 아이를 확실히 이끌어갈 수 있겠지만 이도 저도 아닌 상태라면 불안한 마음이 가중될 수 있습니다. 충분히 그럴 수 있어요. 하지만 지금부터 저와 함께 큰 틀에서 수학 학습 로드맵을 이해하고 그에 따라 지금 우리 아이에게 필요한 교육적 선택이 무엇인지를 판단할 수 있게 되면 여러분도, 아이도 불안해하거나 흔들리지 않게 됩니다. 그러니 끝까지 잘 따라와 주시기만 하면 돼요.

- - -

초등 고학년 시기: 중등 수학을 준비하는 2년

고학년 맘 "중학교에 간다고 생각하니 수학이 제일 걱정돼요. 우리 애는 심화도 안 했거든요."

이미 큰애를 키워 본 선배 맘1 "에이, 우리 애도 심화 안 했는데 중학교 가서 잘하던데요?"

이미 큰애를 키워 본 선배 맘2 "그건 그 집 애가 원래 잘하는 애니까 그렇죠. 저희 집 애는 에휴, 말도 마요. 진짜 후회했어요."

고학년 맘 "정말요? 저는 어떻게 해야 하죠?"

수학 진짜 잘하는 법을 알려줄게요.

5학년 학부모 모임에만 가면 꼭 나오는 이야기입니다. 누군가 '중학교 수학 선행 학습' 얘기를 꺼내면 방금 전까지 웃고 떠들던 엄마들의 표정이 일제히 굳어져요. 특히 큰아이가 중학생인 엄마들의 이야기를 들으면 가슴이 덜컥 내려앉습니다.

"우리 큰애는 초등학교 때 심화를 안 했더니 중1 첫 시험에서 너무 고생했어."
"지금이라도 빨리 시작하세요. 중학교 가면 이미 늦어요."
"문자와 식이 진짜 어려운데(?), 미리 좀 해두면 좋죠."

이렇게 구체적으로 말씀하시는 분이 있으면 더 솔깃해지더군요.

학원가를 돌아보는 것도 이제는 일상이 되었습니다. 인터넷에서 '중등 수학 준비'를 검색하면 동네 수학 학원의 수많은 광고가 뜨고 전단지 함은 늘 새로운 전단으로 가득합니다. 어디서 알았는지 홍보 문자도 가끔 와요. 큰 학원, 중소 학원, 개인 과외, 인강 등등 도대체 어디로 보내야 할지 머리가 아픕니다.

우리 아이는 지금까지 그럭저럭 잘해 왔습니다. 물론 완벽하진 않았죠. 같은 실수를 반복하고 계산이 느리고 가끔은 이해가 더딘 것 같기도 했지만… 그래도 학교 성적은 나쁘지 않았어요. 그런데 요즘 들어 자꾸 걱정이 됩니다. 기초는 잡혔다고 생각했는데 어려운 문제만 나오면 여전히 헤매고 있어요. 심지어 지난번엔 이런 말을 하더군요.

"엄마, 난 수학이 좀 부족한가 봐. 중학교에 가면 어떡하지?
나 수포자 되는 거야?"

남편은 "너무 조급해하지 마."라고 하지만 아이가 불안해하니 저는 더더욱 불안해집니다. 정말 지금처럼만 해도 괜찮을까요? 중등 대비는 꼭 학원에 보내야만 할 수 있는 거예요? 다른 아이들은 벌써 중 1 과정이 뭐예요, 빠른 아이는 중학교 과정을 다

끝냈다는데… 우리 아이만 뒤처지는 건 아닐까요? 지금이라도 보내야 하는 건 아닌지… 출발선부터 다르면 나중에 그 차이가 점점 더 벌어진다는데 너무너무 걱정됩니다.

어제는 아이가 6학년인 대학 친구를 만났어요.

"작년에 우리 애도 그랬는데 결국 선행 학습을 시작했어.
안 하면 불안해서….”
"효과는 있는 것 같아?"
"글쎄… 하기는 하는데 이게 맞는 건지 아직은 잘 모르지.”

누구 하나 정답을 말해 주지 않는데 시간은 자꾸만 흐르니 초조하기만 합니다.

이러는 와중에 가장 힘든 건 아이가 같은 유형의 문제를 반복해서 틀린다는 거예요. 숫자만 바꾼 문제인데 왜 못 풀까요? 속으로 화를 눌러가며 설명해 주고 또 설명해 주죠. 아이는 들을 때마다 이해했다고는 하는데 시간이 지나면 또다시 원점입니다.

"이걸 왜 자꾸 틀리는 거야?"

"아… 실수했어. 다음엔 안 틀릴게."

'중등 때도 이러면 어떻게 하나? 실수도 실력이라는데… 초등 때 고쳐야 하지 않을까?'라는 걱정이 이만저만이 아닙니다.

벌써 6학년이 코앞에 왔습니다. 작년만 해도 '중학교는 아직 멀었지.'라고 생각했는데 이제는 정말 준비를 해야 할 것 같아요. 학원, 정말 보내야 하는 게 맞겠죠? 선행 학습은 언제부터 시작해야 할까요? 지금 제가 하는 이 작은 걱정이 아이가 중학교에 가고 나서 큰 두려움이 되지는 않을까요? 매일 밤, 아이의 수학 공부를 지켜보면서 이런저런 생각이 듭니다. 지금 이 순간에도 전국의 수많은 엄마들이 저와 같은 고민을 하고 계실 거예요. 제발(?) 저만의 고민이 아니길 바라 봅니다.

이 시기에는 중등 수학에 대한 막연한 두려움이 구체적인 불안으로 발전합니다. **'심화 학습'과 '선행 학습'이라는 두 가지 선택지 사이에서 고민**하는데, 특히 주변의 경험담과 조언을 듣다 보면 불안이 더 커지죠. 아이의 반복되는 실수나 개념적 혼란이 중학교에서는 더 큰 문제가 될 거라는 우려도 점점 더 커집니다.

그런데 안타깝게도 이런 여러분의 생각은 사실 어느 정도 근거가 있습니다. 초등과 중등의 교과는 수준 차이는 물론이고 이것을 받아들이는 아이들의 체감 난도도 실제로 높거든요. 하지만 막연한 걱정보다는 실체를 정확히 알고 미리 대비한다면 극복 못 할 게 아닙니다.

3장의 학년별 수학 학습 로드맵부터 4장의 제대로 된 수학 공부법까지 초중고 수학교육의 큰 그림을 이해하시고, 우리 아이에게 맞는 현실 목표와 구체적인 계획을 세운 후 실행해 보세요. 잘 알지 못할 때는 두렵지만 제대로 알고 나면 수학, 누구나 정복할 수 있습니다.

2부

우리는
수학에 대해서
얼마나 알고 있을까?

지금까지 아이들의 연령에 따라 학부모님들의 다양한 고민을 살펴보았습니다. 아이의 상황과 성향 그리고 수준에 따라서 조금씩은 다르지만 수학과 관련해서는 이 틀을 크게 벗어나지 않는 고민을 하고 계실 거예요. 그런데 모든 학년을 관통하는 공통점이 하나 있었는데, 혹시 눈치채셨나요? 그건 바로 '학원' 즉, 사교육 기관에 보내면 이 모든 것이 해결될 수 있다는 막연한 기대였습니다. 여러분은 어떻게 생각하시나요?

　대한민국만큼 사교육이 전방위로 발달한 나라는 없습니다. 실제로 과목별 성적은 물론이고 입시 결과까지 사교육이 가이드 역할을 해주는 것은 분명하니까요. 하지만 우리가 꼭 명심해야 하는 것은 사교육을 받지 않았다고 해서 결과가 좋지 않다거나 반대로 사교육을 받았다고 모든 것이 잘되지는 않는다는 겁니다. 그건 결과를 두고 할 수 있는 이야기일 뿐이죠. 학부모님의 교육관에 따라서 그리고 가계의 상황에 따라서 사교육의 도움을 받는 것은 각 가정의 선택이에요. 그리고 여러분이 설령 사교육의 도움을 받더라도 반드시 이것만은 기억하셔야 합니다.

내 아이는 내가 제일 잘 안다!
아는 만큼 보인다.

몇 년 전 이슈가 되었던 드라마 〈스카이 캐슬〉의 '입시 코디네이터'처럼 아이의 모든 것을 관리할 사람이 따로 없다면 큰 틀에서 아이의 현재 상황을 파악하여 학습과 입시의 큰 그림을 그려 줄 사람은 부모님이 유일합니다. 아이가 스스로 하길 기대하실지 몰라도 아이가 입시에 관심을 가지는 고등학생이 되면 현실적으로는 내신과 학생부 관리를 하느라 거기까지 신경 쓸 여력이 전혀 없어요. 물론, 여러분이 모든 것을 다 알아야 하는 것은 아닙니다. 우리 아이를 정확히 파악하고 또 그에 맞는 계획을 세우는 데 도움이 된다면 사교육이든, 책이든, 유튜브 영상이든, 강의든 도움 되는 것은 최대한 받으셔야 합니다. 그래야만 아이에게 필요한 것을 정확하게 취사선택할 수 있죠.

학원에 보내셔도 마찬가지입니다. 그 학원이 아이의 성적을 100% 책임져 준다고 생각하지 마세요. 학원에 잘 적응하고 있는지, 그냥 가방만 들고 왔다 갔다 하고 있는 건 아닌지, 제대로 배우고 있는지, 과제는 제대로 하는지, 실제 우리 아이에게 도움이 되고 있는지, 학원의 도움으로 아이가 성장하고 있는지 등을 매의 눈으로 지켜보셔야 합니다. 이 책은 수학교육과 관련하여 여러분이 아셔야 할 모든 내용을 담았습니다. 아이가 '혼공'을 하든, '엄마표'로 지도하시든, 사교육의 도움을 받으시든 중요한 선택에 앞서 여기 담긴 내용만은 꼭 아셔야 해요.

그럼 지금부터 여러분이 아이의 수학교육에 대해 얼마나 제대로 알고 계신지 살펴보겠습니다. '잘못된 방향, 잘못된 방법'으로 공부하고 있다면 아무리 많은 시간과 노력, 교육비를 투자한다고 해도 단 한 번뿐인 우리 아이의 '그 시간'을 되돌릴 수는 없어요. '교육 정보 독점' 시대를 지나 지금은 오히려 교육 정보 홍수의 시대를 살고 있는데도 잘못된 정보를 믿고 계신 경우가 정말 많습니다. 그래서 여러 관점에서 '수학'에 대한 오해부터 하나씩 짚어보도록 하겠습니다. 하나씩 꼼꼼히 체크하시면서 잘못 알았던 정보가 있다면 이제 바로잡으셨으면 합니다.

수학 진짜 잘하는 법을 알려줄게요.

1장

수학교육에 대한
학부모들의 오해 8가지

• • •

'수학 머리'에 대한 고정 관념: '수학 머리'는 타고난다?

"수학 머리는 타고나는 것이라서 노력으로는 한계가 있다."

"초등 저학년 때 수학을 잘 못하면 앞으로도 계속 못한다."

"수 감각은 타고나는 것이므로 후천적으로 길러질 수 없다."

"논리적으로 타고난 아이만 수학을 잘할 수 있다."

"부모가 수학을 잘 못했으면 아이도 수학을 못한다."

이렇게 생각하시는 분이 상당히 많습니다.

예를 들어, '뛰어 세기', '받아올림', '받아내림' 같은 부분을 여러분의 생각만큼 아이가 잘 이해하지 못하면 여러 번 반복 설명하다가 복장이 터지려 할 때 그런 생각이 들기 쉽죠. (사실 많은 아이가 이 부분을 이해하기 어려워합니다. 종종 너무 이른 시기에 선행 학습을 했기 때문일 수도 있어요.) 또는 초등부터 시간도 많이 들이고 사교육도 충분히 시켰는데 수학 성적이 자꾸만 떨어질 때처럼, 기대나 투자(?)한 만큼의 성과를 내지 못하는 중고등 시기일 수도 있습니다.

이런 상황에서 "우리 아이는 수학 머리가 없어요.", "저도 수학을 잘 못했거든요. 아무래도 유전인가 봐요."라고 여러분이 무심결에 내뱉는 말에 담긴 수학적 능력에 대한 고정관념은 아이들의 성장을 가로막는 큰 장벽 중 하나입니다. 열심히 노력하는 아이의 의지를 꺾어 버리고, 노력하지 않는 아이에게는 편리한 핑계거리가 되어 주죠.

하지만 여러분, 우리 아이에게 초등 때부터 수학을 가르치는 이유는 무엇일까요? 수학적 사고력, 문제 해결 능력과 같은 수학 학습의 본질은 차치하고, 현실적으로만 봤을 때 '중고등 수학을 잘하기 위해서' 그리고 결과적으로 '대학 입시나 진로에 필

수학 진짜 잘하는 법을 알려줄게요.

요한 적정 수준의 수학 능력을 키우기 위해서' 입니다. 그렇다면 이건 '누구나 달성 가능한' 목표예요. 우리 아이들 모두를 필즈상을 받은 허준이 교수님처럼 키우고 싶으신 건 아니잖아요. 실제로도 수학에서 우수한 성적을 거둔 학생 중 상당수는 '타고난 재능'이 아닌 '올바른 학습 방법과 꾸준한 노력'으로 그 자리에 올랐습니다.

그러니 학부모님께 당부드립니다. 먼저 '노력의 힘'을 믿어 주세요. 그리고 그 믿음을 바탕으로 아이를 지도해 주세요. 아이들은 생각보다 훨씬 더 큰 잠재력을 지니고 있습니다. 특히 초등 때는 더더욱요. 작은 성취 경험이 쌓이면서 수학에 대한 자신감이 생기고 그러다 보면 어느새 재미까지 느끼게 되는 법이거든요. 이것이 바로 성공적인 수학 학습의 선순환입니다.

수학은 결코 '타고난 사람들만의 전유물'이 아닙니다. 방향을 올바르게 설정하고 꾸준히 노력한다면 누구나 자신의 목표에 도달할 수 있어요. 우리 아이들의 가능성을 '수학 머리'라는 프레임으로 제한하지 말아 주세요. 그 대신 한 걸음 한 걸음 앞으로 나아갈 수 있도록 따뜻한 응원과 적절한 지원을 해주시기를 바랍니다.

• • •

'학습량'과 '시기'에 대한 오해: 무조건 많이, 무조건 일찍?

"많은 시간을 투자할수록 그에 비례해서 수학 실력이 좋아진다."

"문제를 많이 풀수록 무조건 수학 실력은 좋아진다."

"문제집을 많이 풀어야 실수를 줄일 수 있다."

"수학은 선행 학습을 하지 않으면 따라갈 수 없다."

"초등학교 때부터 수학 공부를 많이, 더 빨리 해 둘수록 좋다."

수학 학습 과정은 다른 과목과 좀 다릅니다. 개념을 이해한 후 이를 문제에 적용하고, 다시 이를 다른 상황에 활용하는 등 인풋과 아웃풋의 과정이 복잡하고 정교하죠. 하지만 이것이 '무조건 많은 시간'이 필요하다는 뜻은 아닙니다.

수학 공부에 대한 큰 오해 중 하나는 '학습량=실력'이라는 등식입니다. 하지만 실제로는 어떨까요? 하루 종일 수학 강의만 듣는다고 해서, 또는 문제집을 끝없이 푼다고 해서 실력이 저절로 좋아질까요? 다른 과목도 그렇지만 수학은 유독 학(學)과 습(習) 중 습, 즉 익히는 시간이 훨씬 더 많아야만 배운 내용을 '내 것'으로 소화해 활용할 수 있는 과목입니다. 예컨대 강의를 듣고 난 후 내용을 정리하여 온전히 내 것으로 익히고 그 내용을 바탕으로 문제를 풀어야 하죠. 또 아웃풋의 일종인 문제집을 푼 후에도 채점을 하면서 다시 스스로 이해하는 인풋 학습이 이뤄집니다. 자기 주도적인 학습이 절대적으로 필요한 과목이란 말이지요.

그런데 이처럼 유기적인 학습 과정이 '물 흐르듯' 진행되지 않고, 그중 강의를 통한 인풋이나 문제 풀이를 통한 아웃풋만 지속된다면 수학 학습에서 가장 중요한 '메타인지'를 할 수 있는 과정이 생략될 가능성이 높습니다. (이 부분은 뒤에서 자세히 다시 소개해 드리겠습니다.) 그래서 학원을 여러 개 다니고, 시중에 나와 있는 모든 문제집을 풀어도 수학을 생각보다 잘 못하는 아이가 있는 거예요. 이런 방식은 실력보다는 수학에 대한 피로감과 거부감만 키울 가능성이 높습니다.

특히 초등학교 시기에는 문제 풀이의 양보다 개념의 이해와 적용이 훨씬 더 중요합니다. 이 시기의 아이들에게 필요한 것은 수학적 직관과 사고력을 키우는 것이지, 끝없는 반복 학습이 아니거든요. 예를 들어, 실수를 줄이기 위해 비슷한 문제를 계속 반복해서 푸는 것보다 왜 이런 실수가 발생했는지 그 원인을 정확하게 파악하고 그에 맞는 해결 방법을 찾는 것이 더 효과적입니다.

많은 학부모님이 고등학교 수학의 어려움을 걱정하며 일찍부터 선행 학습을 서두르시는데요, 이 역시도 재고할 필요가 있습니다. 물론 상급 학교의 수학이 쉽지 않은 것은 사실이지만 '얼마나 앞서 배우는가'보다 '얼마나 제대로 이해하는가'가 중요하거든요.

진정한 수학 실력 향상은 '효율적인 학습 방법'에서 비롯됩니다. 개념을 확실히 이해하고 이를 다양한 상황에 적용해 보며 실수와 오류를 통해 배우는 과정, 바로 이것이 수학 공부의 왕도예요. 선행 학습과 관련된 더 자세한 내용은 3장에서 다룰 텐데요, 지금 꼭 기억해야 할 것은 '많이' 하는 것보다 '제대로' 하는 것이 더 중요하다는 점입니다.

결국 수학 공부의 성공은 시간의 양이 아닌 '질'에 달려 있습니다. 아이의 수준과 속도에 맞는 적절한 학습량, 깊이 있는 이해를 추구하는 학습 방식 그리고 꾸준함. 바로 이것이야말로 수학 실력을 향상하는 진정한 비결입니다.

• • •
수학 학습 방법에 대한 편견: 반복하는 게 정답?

"연산은 무조건 빠르게 푸는 것이 중요하다."
"기본 문제보다 어려운 문제를 많이 푸는 게 좋다."
"수학은 무조건 혼자 이해하고 풀어야 한다."
"같은 유형의 문제를 반복해서 풀어야 실력이 좋아진다."
"개념보다 문제 풀이 요령을 익히는 게 더 중요하다."

아이들의 일반적인 수학 공부법을 딱 2개의 키워드로 표현하자면 '반복'과 '속도'입니다. 비슷한 문제를 반복해서 풀고 또 풀고, 누가누가 얼마나 빨리 푸는지를 겨루거나 얼마나 미리 배우고 있는지를 따져보는 것이죠. 하지만 이 두 가지 학습 목표는 짐작하셨듯 수학 학습 전반이 아니라 필요한 순간에만 적절하게 활용되어야 합니다.

우선 초등 수학에서 '속도'와 관련된 가장 큰 오해는 '연산 속도'에 대한 것입니다. 구몬, 기탄 수학과 같은 드릴형 문제집으로 빠른 연산 속도만을 강조하는 것은 아이들에게 '수학은 지루하고 반복적인 것'이라는 잘못된 인식을 심어 주죠. 연산은 수학 문제를 풀어내기 위한 기초 도구일 뿐입니다. 물론 기본기로서 매우 중요하지만 '빠른 속도'가 궁극적인 목표가 되어서는 안 돼요. 오히려 정확도가 우선되어야 하며, 이는 연산의 개념을 정확히 이해하는 데서부터 출발합니다. 초등 저학년에서는 빠른 연산이 돋보일 수 있지만 중학년 이후에는 정확한 연산을 하는 아이가 진정한 수학의 승자가 됩니다.

또 다른 큰 오해는 심화 학습에 대한 것입니다. 학교 시험도 딱히 없고 '초등학교 때는 쉽게 가자'는 생각으로 심화 학습을 미루었다가 중학교에서 어려움을 겪는 경우가 생각보다 굉장히 많습니다. 특히, 어려운 문제에 도전하는 과정은 '불필요한 심화 과정'이 아니라 오히려 수학적 사고력을 키우는 가장 좋은 방법이라는 것을 알아야 합니다. 기본 문제는 개념만 제대로 잡혔다면 반복할 필요가 없습니다. 그 대신 자신의 수준보다 한 단계 높은 문제를 충분한 시간을 들여서 고민하고 해결하는 경험이 모든 아이에게 필요합니다.

'반복 학습'과 관련해서 한 가지만 덧붙이자면 동일한 문제 유형만 반복적으로 학습하는 방식은 지양해야 합니다. 이는 마치 수학을 '암기 과목'으로 만드는 것과 같아요. 시험이 임박했을 때 '시험에 자주 나오는 유형'이라는 문제만 반복적으로 풀면 단

50

기적인 효과는 거둘 수 있지만 진정한 수학적 사고력을 향상하는 것과는 거리가 멀어집니다. 숫자만 바뀐 비슷한 문제를 풀지 못하는 아이를 보신 분이 계실 거예요. (이는 중고등으로 올라갈수록 더 빈번하게 나타나는 현상입니다.) 이는 푸는 요령만 익혔을 뿐 문제의 본질을 이해하지 못했다는 증거입니다. 넓게 잡아서 중등까지는 이런 방식이 표면적으로는 문제가 되지 않지만 고등부터는 그 많은 유형을 다 암기와 요령만으로 해결할 수 없습니다. 수학은 사실 출제자의 의도를 파악할 줄 알고 개념 간의 연결만 할 줄 알면 마치 선물처럼 명확한 답을 내주는 과목이에요. 외워야 할 것이 많고 반복해야만 하는 과목이라는 오명을 뒤집어쓰지 않도록 제가 이 책에서 자세히 설명해 드리겠습니다.

수학의 진정한 학습은 개념 이해와 문제 해결이 균형을 이루는 것입니다. 이 둘은 수학 실력이라는 건물을 지탱하는 두 개의 기둥과 같지요. 개념을 제대로 이해하고 다양한 문제 해결을 통해서 그 개념을 활용하는 능력을 키우며 점차 응용문제로 나아가는 것, 이것이 가장 효율적인 수학 학습법입니다.

결국 중요한 것은 '얼마나 많이' 푸냐가 아니라 '얼마나 깊이 있게' 이해하냐입니다. 파블로프의 개처럼 조건반사적으로 문제를 푸는 것이 아니라 문제의 본질을 이해하고 창의적으로 해결하

는 능력을 키우는 것, 바로 그것이 우리 아이가 지향해야 할 수학
학습의 방향입니다.

수학 진짜 잘하는 법을 알려줄게요.

• • •

사고력 학습에 대한 오해: 사고력 수학은 필수? 선택?

"사고력 수학은 교과와 관계가 없으므로
불필요하다."
"사고력 수학은 하더라도 유아 때부터
초등 저학년까지만 하면 된다."
"사고력 수학은 무조건 학원에 맡겨야 한다."
"사고력 수학처럼 문제를 오래 생각하게 하는 것은 비효율적이다."
"사고력 수학의 실생활 연계 문제는
실전에 전혀 도움이 되지 않는다."

'사고력 수학'이라는 용어를 오인하는 데서부터 사고력 학습에 대한 오해가 시작됩니다. 수학이라는 과목은 본질적으로 '사고력'을 필요로 하는 과목입니다. 그 수학적 사고력은 여러 수학 활동을 통해 오랜 시간에 걸쳐 발달하며 유아부터 고등학생까지 모든 학습자에게 필요한 핵심 역량이죠.

하지만 현재 통용되는 '사고력 수학'이란 용어는 다소 다른 의미로 사용되고 있습니다. 교과 수학과 일부 대치되는 개념으로 퍼즐, 퀴즈, 미로, 논리 추론, 실생활 연계 문제 등으로 구성된 특정한 '문제집' 또는 '교수법'을 지칭하는 것으로 알려져 있어요. 이러한 사고력 수학은 교과 내용과 일부는 겹치지만 교과 범위를 벗어난 내용도 많이 포함하고 있습니다.

그런 이유로 과거에는 사고력 수학이 불필요하다는 의견도 일부 있었지만 최근에는 특히 유치원과 초등 저학년에서 '필수 과정'으로 인식되는 추세입니다. 하지만 여기서 또 큰 오해가 발생합니다. 수학적 사고력이 이러한 특별한 문제집을 풀 때만 발달한다고 생각하는 것이죠.

사실 사고력 수학의 핵심은 '생각하는 힘'을 키우는 것입니다. 단순히 정답을 맞히는 것이 아니라 문제를 어떻게 해결해 나가는지 그 과정에 초점을 맞춰야 해요. 맞은 문제든 틀린 문제든, 왜 그렇게 풀었는지, 어떤 생각으로 접근했는지를 설명하고 토론하는 과정이 무엇보다 중요합니다.

이러한 특성 때문에 많은 학부모님이 가정에서의 지도가 어렵다고 판단하여 학원을 선택하세요. 하지만 '생각하는 힘'은 정해진 시간 안에 강제로 만들어낼 수 있는 것이 아닙니다. 오히려 과제에 집중하는 시간을 충분히 보내며 작은 성취를 하나씩 쌓아가는 과정이 필요해요.

수학 진짜 잘하는 법을 알려줄게요.

학원에서 이루어지는 주 1회 60~120분의 수업에서는 한 반에 학생 10명 내외가 함께 공부하다 보니 개별 학생에게 할당되는 진정한 '생각의 시간'이 부족할 수 있습니다. 더구나 일부 학원에서는 진도 나가기에만 급급해 사고력 수학의 본질은 놓친 채 문제 풀이 요령만 가르치는 경우도 왕왕 있어요.

따라서 사고력 학원을 선택하더라도 부모의 지속적인 관심과 학습 보완이 필수입니다. 최근에는 가정에서 지도할 수 있는 다양한 교재와 상세한 가이드북도 많이 나와 있으므로 필요하다면 부모가 직접 지도하는 것도 충분히 가능해요.

아이가 이러한 과정을 충분히 즐기고 시간적 여유가 있다면 (수학 외 활동, 학습 시간을 고려했을 때) 사고력 수학 학습도 시도해 볼 만합니다. 하지만 '사고력 수학을 시킬까 말까'를 떠나서 훨씬 더 중요한 것은 교과 수학을 포함한 모든 수학 학습 과정에서 수학적 사고력, 즉 '생각하는 힘'을 키우는 자세입니다. 진정한 수학적 사고력은 특정 프로그램이나 문제집이 아닌 수학을 대하는 태도에서 만들어지기 때문입니다.

수학 공부의 주도권에 대한 오해:
수학은 혼자 공부하기 힘들다?

"학교 수학만으로는 좋은 성적을 받을 수 없다."

"수학은 혼자 힘으로는 절대 실력이 늘지 않는다."

"수학 성적이 좋은 친구가 하는 공부 방법을

그대로 따라 하면 수학을 잘할 수 있게 된다."

"유명 학원에 다녀야 수학을 잘하게 된다."

"수학 학원에 보낸다면 전적으로 맡겨도 된다."

수학이 결코 만만한 과목이 아니기에 많은 학부모님이 학교 수업 외의 추가적인 도움이 필요하다고 생각합니다. 이는 부모님 개인의 경험이나 주변의 이야기 또는 아이의 현재 상황을 통해 자연스럽게 형성된 인식일 거예요. 이러한 생각이 완전히 틀린 것은 아니지만 우선순위는 다시 한번 생각해 볼 필요가 있습니다.

수학 학습의 중심축은 분명히 학교 수업이 되어야 합니다. 물론 이 수업을 더 잘 소화하기 위해서 예습이나 선행이 필요할 수 있고 수업 후의 복습도 매우 중요함은 인정합니다. 하지만 현실에서는 어떤가요? 복습은 생략된 채 선행 학습에만 치중하거나 정작 학교 수업은 뒷전으로 미루는 경우가 많습니다.

특히 주목해야 할 점은 수학은 '혼자의 힘'으로 해결하는 시간이 절대적으로 필요한 과목이라는 것입니다. 혼자서 개념을 읽고 이해하고 적용하는 과정에서 겪는 실패와 성공의 경험이 수학적 사고력을 키워주기 때문입니다. 그렇기에 수학 공부법은 결코 단순하지 않습니다. 수학을 잘하는 다른 아이의 성공 방식을 그대로 복사한다고 해서 우리 아이도 성공한다는 보장은 없습니다.

물론 수학 공부법에도 '정석'은 있습니다. 하지만 중요한 것은 이 정석을 이해하고 '나만의 방법'으로 발전시키는 거예요. 그래서 올바른 수학 공부를 위해서는 제대로 된 공부법을 알고 수많은 시행착오를 겪으며 자신만의 방식을 찾아가는 과정이 반드시 필요합니다.

이러한 맥락에서 학원은 우리 아이의 수학 공부를 돕는 '수단'이 되어야 합니다. '성적 좋은 아이들이 많이 다니는 학원', '동네에서 가장 유명한 학원'이라고 해서 우리 아이에게도 반드시 좋은 곳이 되리라는 보장은 없어요. 초등학교 시기에는 아이들의 판단이 미숙할 수 있기 때문에 특히 부모님이 학원 수업의 효과와 목적이 제대로 달성되고 있는지를 면밀히 관찰해야 합니다.

더 나아가 중고등학교 시기에 학원 선택의 주도권이 아이에게 넘어간다 하더라도 부모의 역할이 완전히 끝나는 것은 아닙니다. 예를 들어 현재 다니는 학원으로는 부족한 부분이 있어 추가적인 도움이 필요할 때, 적절한 선택을 할 수 있도록 조언해 주는 것도 부모의 중요한 역할입니다.

결국 수학 학습의 성공은 학교, 학원, 가정이라는 세 주체(때로는 학교와 가정)가 각자의 역할을 제대로 이해하고 수행할 때 가능합니다. 이 책의 4장에서는 수학 공부의 구체적인 방법론을 자세히 다루고 있는데요, 이를 통해 우리 아이에게 가장 적합한 수학 공부법을 찾고 최소한 중학교까지는 이를 완성할 수 있도록 도와주시기 바랍니다.

수학 진짜 잘하는 법을 알려줄게요.

학습 동기와 흥미에 대한 오해:
수학 공부를 즐겁게 할 수는 없을까?

"수학에 흥미를 느끼지 못하는 것은 자연스러운 현상이다."

"수학을 재미있게 배우면 깊이 있는 공부가 안 된다."

"게임이나 퍼즐로 배우는 수학은 실제 성적과 무관하다."

"수학 공부는 어렵고 힘들어야 제대로 하는 것이다."

"수학은 스트레스를 받으면서 해야 실력이 는다."

"천재는 노력하는 사람을 이길 수 없고 노력하는 사람은 즐기는 사람을 이길 수 없다."라는 말이 있습니다. 이는 타고난 재능만 믿고 노력하지 않는 것을 경계하는 동시에 즐김으로써 얻을 수 있는 몰입과 효율의 긍정적 효과를 강조하는 말이죠.

수학 공부를 좋아해서 하는 사람은 많지 않겠지만 힘든 학습 과정을 이겨내는 데는 '즐거움'만큼 도움이 되는 것도 없습니다. 그래서 어린아이에게는 '학습'보다 '놀이'로 접근하는 것이, 낯설고 어려운 수학의 문턱을 낮추는 데 큰 도움이 되죠.

아이가 수학에 흥미를 보이지 않는다면 대개 접근 방식에 문제가 있습니다. 아이들이 느끼는 흥미의 포인트는 각각 다르기 때문이에요. 게임과 퍼즐을 좋아하는 아이가 있는가 하면 이야기를 좋아하는 아이도 있고요. 손으로 직접 만지는 것을 선호하는 아이가 있는 반면에 시각 자극에 더 반응하는 아이도 있습니다. 한 가지 방식이 효과가 없다고 해서 '우리 아이는 수학에 흥미가 없다'고 단정 짓기보다는 더 다양한 수학적 경험을 제공해 보는 것이 현명합니다.

그런데 이때 '흥미와 깊이는 반비례한다'는 오해는 버려야 합니다. 아이들이 재미있게 읽는 수학 동화에도 깊이 있는 개념이 담길 수 있어요. 어렵고 복잡한 수식이 없다고 해서 깊이가 없는 것은 아닙니다. '깊이 있는 개념은 어렵고 복잡해야 한다'는 생각은 잘못된 선입견일 뿐입니다.

게임이나 퍼즐을 통한 수학 학습이 결과적으로는 효과가 없다고 생각하는 것도 마찬가지입니다. 단순한 흥미를 유발하는 요소뿐만 아니라 실제 수학 실력의 향상에 큰 도움이 되는 것도 많습니다. 예를 들어, 초등 저·중학년 아이에게 추천되는 보드게임은 기억력 발달, 승부욕 자극, 과제 집착력 향상은 물론이고 공간 지각력, 측정, 분류, 규칙 발견 등 다양한 수학적 능력을 키우는 데 효과적입니다. 단지 어떤 (어려운)문제를 뚝딱 풀어내는 것처

수학 진짜 잘하는 법을 알려줄게요.

럼 가시적인 효과가 없을 뿐이죠.

　또 하나 경계해야 할 것은 '수학은 아이가 어려워하고 힘들어해야 제대로 공부하는 거'라는 오해입니다. 수준에 맞지 않는 어려운 문제집으로 인해 겪는 잦은 실패 경험은 아이의 수학 자신감, 효능감을 깎아내리고, 애써 키운 수학에 대한 흥미도 순식간에 제로로 만들어버릴 수 있습니다. 도전 의식을 불러일으키는 적절한 자극은 필요하지만 과도한 스트레스를 줄 수 있는 것은 절대 금물이에요. 마치 산을 오르는 것처럼 중간중간 아름다운 경치를 감상하고 작은 성취감을 맛보며 한 단계씩 올라가야 결국 정상에 도달할 수 있습니다. 가파른 계단만 계속된다면 누구라도 중간에 포기하고 싶어질 테니까요.

· · ·

평가와 학업 성취에 대한 편견: 학교 시험만 잘 보면 된다?

"수학 성적이 곧 수학 실력이다."

"첫 시험 성적이 앞으로의 수학 성적을 좌우한다."

"시험문제를 빨리 푸는 아이가 수학을 잘하는 아이다."

"100점을 맞지 못하면 완벽하게 이해하지 못한 것이다."

"학교 시험 성적보다 학원 모의고사나

레벨 테스트 결과가 더 신뢰할 만하다."

초등학교 때는 공식적인 시험이 없기 때문에 아이의 실제 실력을 가늠하기가 쉽지 않습니다. 그래서 많은 학부모이 중학교 첫 시험을 '운명의 시험'처럼 여기죠. 하지만 기대했던 이 시험에서 예상보다 좋지 않은 성적을 받는 아이가 의외로 많습니다.

왜 그럴까요?

시험이라는 것이 단순히 실력만을 평가하는 것이 아니기 때문입니다. 시험을 볼 때는 심리적 상태, 시험장 환경, 시간 관리 능력 등 수많은 변수가 작용하죠. 물론 이러한 변수까지 제어하는 것도 넓은 의미의 실력이라고 할 수 있지만 시험 경험이 전무

한 중학교 신입생에게 이를 기대하는 것은 무리입니다.

시험에는 분명 '요령'이 존재합니다. 이는 부정적인 의미가 아니라 자신의 실력을 제대로 발휘하기 위해 필수적인 기술적 측면에서 말씀드리는 거예요. 중학교 내신 시험을 준비하면서 이러한 요령을 차근차근 익히고 자신만의 노하우로 발전시켜 고등학교 때까지 이어가는 것이 바람직합니다.

따라서 중학교 첫 시험 결과로 아이의 지난 초등학교 시기의 노력을 평가절하하지 마세요. 물론 이 첫 시험이 아이에게는 큰 충격이 될 수 있기에 수학 자신감을 크게 좌우할 수 있습니다. 하지만 이것이 아이의 전체 학창 시절을 결정짓는 중요한 사건은 아니라는 것을 부모와 아이 모두가 인식해야 합니다. 심리적으로 동요되기 쉬운 아이를 안심시켜 주는 것이 여러분이 하셔야 할 역할이에요.

중학교까지의 시험은 실력을 점검하고 보완할 점을 찾는 도구로 활용되어야 합니다. 무조건 빨리 푸는 연습에 매달릴 필요도 없고 그렇다고 한 문제에 지나치게 많은 시간을 들여서도 안 되죠. 또한 시험에서 100점을 받지 못했다고 해서 그것이 반드시 실력 부족을 의미하는 것도 아닙니다.

실수에도 여러 가지 원인이 있습니다. 단순 계산 실수인지,

시간 관리의 문제인지, 문제 이해력의 부족인지 등 원인에 따라 보완 방법도 달라져야 해요. '실력이 부족하다' 또는 '실수가 많다'는 큰 카테고리로 단순화하지 말고 구체적인 원인을 찾아서 해결책을 모색하는 것이 중요합니다. 간혹 잘못된 솔루션으로 더 큰 문제를 불러일으키는 경우도 있거든요.

특히 학원의 레벨 테스트나 모의고사 결과를 맹신하는 것은 위험합니다. 이러한 평가에는 때로 특정한 의도가 숨어 있을 수 있기 때문이에요. 학교 시험 역시 지역별로 수준 차이가 날 수 있으므로 자신이 속한 학교와 지역의 수준을 객관적으로 파악하고 필요하다면 난도가 높은 지역의 기출문제로 수준 점검을 주기적으로 하는 것이 도움이 됩니다.

결국 시험 결과는 우리 아이의 현재 수준을 파악하는 여러 지표 중 하나일 뿐입니다. 이를 절대적인 기준으로 삼지 말고 앞으로의 성장을 위한 참고 자료로 활용하는 지혜가 필요해요. 궁극적으로는 대학 입시에서 전국 단위의 경쟁을 해야 한다는 점을 감안했을 때 더욱더 균형 잡힌 시각으로 평가 결과를 바라볼 필요가 있습니다.

・・・

부모의 역할에 대한 오해:
나는 아이 수학 학습에 도움이 되는 부모일까?

"초등학교 때는 반드시 엄마가 직접 가르쳐야 한다."
"내가 수학을 잘 못하니까 아이 교육에 전혀 도움이 되지 않는다."
"문제집을 풀 때마다 옆에서 채점을 해주고
틀린 문제를 짚어줘야 한다."
"성적이 잘 나오기 시작하면 부모의 역할은 끝난 것이다."
"아이가 수학을 포기하지 않도록
끊임없이 압박하고 채근해야 한다."

최근 '엄마표 영어' 못지않게 '엄마표 수학'이 화두가 되면서 '초등 수학 학습 지도'에 관해 고민하시는 분이 많습니다. '엄마표 영어'가 환경 조성과 학습 순서, 콘텐츠 중심으로 이루어지는 것과 달리 '엄마표 수학'은 직접 가르치고 지도하는 것에 초점이 맞춰져 있다는 생각 때문이에요. 특히 과정 중심 평가가 강조되는 현재의 교육과정에서 단답식, 결과 중심의 교육을 받은 학부모 세대는 '잘못 가르칠까 봐'라는 두려움을 느끼면서도 직접 가르치지 못할 때는 죄책감에 시달립니다.

하지만 이것은 정말 큰 오해입니다. 부모의 핵심적인 역할은 직접 가르치는 것이 아니라 아이가 어릴 때부터 다양한 수학적 경험을 할 수 있는 환경을 만들어주고 여러 학습 도구로 흥미와 동기를 부여하며 아이 스스로 수학 학습의 길을 찾도록 '지도'하는 것입니다.

'문제집을 풀 때마다 옆에서 채점을 해주고 틀린 문제를 짚어줘야 한다'는 생각도 버려야 합니다. 수학은 혼자 고군분투하는 시간이 절대적으로 필요한 과목입니다. 문제를 풀 때마다 옆에서 채점하고 지적하는 것보다 아이에게 충분히 생각할 시간과 자율성을 주는 것이 훨씬 더 중요합니다.

또한 '성적이 잘 나오기 시작하면 부모의 역할은 끝난 것'이라는 생각도 위험합니다. 부모의 역할에는 기한이 없어요. 성적이 잘 나올 때까지, 중학교 때까지, 고등학교 때까지라는 식의 시간적 제한을 두기보다는 아이가 도움이 필요할 때면 언제든 지원할 수 있는 든든한 후원자로 곁에 있어야 합니다. 물론 초등 때의 부모 주도 시기를 지나면 아이가 점차 자기주도적으로 공부할 수 있도록 역할을 넘겨주면서 부모는 전면에서 배후로 역할을 전환할 필요가 있지만요.

특히 '아이가 수학을 포기하지 않도록 끊임없이 압박하고 채근해야 한다'는 생각은 매우 위험합니다. 놀라실 수도 있지만 아이들은 누구나 수학을 잘하고 싶어 합니다. 수학을 잘하면 똑똑하고 머리가 좋다는 인식이 아이들 사이에서도 존재하기 때문이에요. 이런 아이에게 시간과 노력을 들이는데도 성적이 나오지 않는다고 채근하는 것은 자신의 한계를 지적받는다는 느낌과 함께 그냥 이대로 포기하고 도망가고 싶은 마음만 들게 하는 악수(惡手)입니다.

수학 공부는 결국 마음으로 하는 것이거든요. 스스로에 대한 믿음과 확신, 자신감이 없다면 결코 좋은 결과를 얻을 수 없습니다. 부모의 진정한 역할은 아이의 마음을 보듬어주고 믿어주는 거예요. 중등 이후의 수학 공부는 결국 아이 스스로 해내야 합니다. 그때까지 우리가 할 수 있는 것은 좋은 학습 습관을 만들어주고 자신감을 키워주며 효과적인 공부 방법을 찾도록 도와주는 것이고요.

수학 실력을 진정으로 향상하는 열쇠는 아이의 자발성에 있습니다. 부모는 그 여정에서 큰 그림을 그려주는 안내자이자, 필요할 때 언제든 도움을 줄 수 있는 든든한 후원자가 되어야 해요. 그것이 바로 수학을 잘하는 아이로 키우는 진정한 부모의 역할입니다.

*

지금까지 우리는 수학교육에 대한 다양한 오해를 살펴보았습니다. '수학 머리는 타고나는 것'이라는 생각부터 '초등 수학은 직접 가르쳐야 한다'는 믿음까지, 이러한 오해는 생각보다 우리 교육 현장에 깊숙이 자리 잡고 있습니다. 그도 그럴 것이 이런 생각의 대부분은 우리의 실제 경험에서 비롯된 것이니까요. 하지만 그 결과가 좋았던 분보다 그렇지 않았던 분이 더 많으셨을 겁니다.

이러한 오해를 좀 더 자세히 들여다보면 재미있는 사실 하나를 발견하게 되는데요, 어떤 것은 완전히 잘못된 것이지만 또 어떤 것은 상황과 맥락에 따라서 달리 해석될 수 있다는 점입니다. 예를 들어, '수학 머리는 타고나는 것이라 노력으로는 한계가 있다'는 생각은 뇌과학 연구 결과가 명백히 반박하는 오해입니다. 반면에 '학교 수학만으로는 부족하다'는 생각은 각 아이의 상황과 목표에 따라 달리 볼 수 있는 문제죠.

특히 신중한 접근이 필요한 것이 있습니다. 학습량과 시기에 관한 문제, 예를 들어 "언제 선행 학습을 시작해야 하는가?", "얼마나 많은 문제를 풀어야 하는가?"와 같은 질문은 단순히 '맞다/

수학 진짜 잘하는 법을 알려줄게요.

틀리다'로 판단할 수가 없습니다. 수학 공부의 주도권이나 학습 방법의 선택 문제도 마찬가지이고요. 이런 문제는 아이의 성향, 학습 스타일, 가정 환경 등 다양한 요소를 종합적으로 고려해야만 정답에 가까운 방법을 찾을 수 있습니다.

그렇다면 우리는 이런 오해를 어떻게 바라봐야 할까요? 가장 중요한 것은 꼭 하나의 정답만을 찾으려고 하지 않는 것입니다. 교육에는 절대적인 정답이 없거든요. 그럼에도 다른 아이와의 비교나 당장 눈앞의 성적에 집중하다 보면 정작 우리 아이에게 진정으로 필요한 것을 놓치기 쉽습니다. 또한 최신 교육 트렌드나 비용 투자의 많고 적음으로 교육의 질을 판단하는 것도 위험할 수 있죠.

바람직한 수학교육을 위해서는 먼저 아이의 현재 상태를 정확히 파악하는 것이 중요합니다. 수학에 대한 감정은 어떤지, 어떤 방식으로 배울 때 가장 잘 이해하는지, 어떤 부분에서 어려움을 느끼는지 등을 살펴봐야 해요. 그리고 이를 바탕으로 장기적인 관점에서 목표를 설정하고 작은 진전도 의미 있게 받아들이는 자세가 필요합니다.

모든 선택에 정답은 없지만 우리 아이에게 가장 적합한 방법을 찾는 여정에 이 책이 작은 도움이 되길 바랍니다. 지금 이 순간에도 많은 학부모님이 비슷한 고민을 하고 계실 텐데요, 함께 이야기를 나누다 보면 우리가 미처 보지 못했던 새로운 관점을 발견할 수 있습니다.

다음 절에서는 우리 아이가 수학에 대해 어떤 감정을 느끼고 있는지, 현재 학년 수준에서 어느 정도 성취도를 보이고 있는지를 판별할 수 있는 테스트를 해보겠습니다. 수학 학습 심리 테스트는 저학년과 고학년으로 나뉘어 있고요. 필수 수학 용어 테스트는 학년 군으로 나뉘어 있으니 현재 학년 기준으로 평가해보시고 부족한 부분이 있다면 보완할 수 있는 계기로 삼으시기 바랍니다.

수학 진짜 잘하는 법을 알려줄게요.

2장

우리 아이를 정확히 파악하는
수학 테스트 2가지

· · ·

수학 학습 심리 테스트

아이의 마음을 들여다보는 일은 쉽지 않습니다. 특히 수학이라는 과목에 대한 감정은 더욱 그렇죠. 이 테스트는 단순히 점수를 측정하는 것이 아니라 아이와의 대화를 여는 창구입니다. 다음 사항을 먼저 숙지하시고 아이와 함께 진행해 보세요.

1. **테스트 결과는 하나의 참고 사항일 뿐입니다.** 테스트 결과보다 오히려 테스트를 하는 과정에서 아이와 나누는 대화가 더 의미 있을 수 있어요. 정기적으로 테스트를 해보면 아이의 변화를 잘 관찰할 수 있으므로 한 학기에 한 번 정도를 추천합니다.

2. **아이의 응답이 옳다/그르다 할 수 없습니다.** 수학에 대한 두려움이나 불안감 등 부정적인 감정은 누구나 느낄 수 있는 자연스러운 거예요. 그러니 너무 앞서서 걱정하지 않으셔도 됩니다.

초등 저학년(1-3학년)용 테스트

학부모님을 위한 가이드

1. 테스트 전에는 반드시 편안한 분위기를 만들어주세요. "우리 이모티콘 놀이 해볼까?"라고 가볍게 시작하는 것이 좋습니다. 아이의 집중 시간을 고려하여 10-15분간 진행하세요.

수학 진짜 잘하는 법을 알려줄게요.

2. 문항을 읽어줄 때는 다음과 같이 구체적인 상황을 예로 들어주면 좋습니다.

   "수학 시간이 되면 나는"

   → "학교에서 선생님이 '자, 이제 수학 공부 시작할까요?'라고 하실 때 어떤 기분이 들어?"

   "수학 문제를 풀 때 나는"

   → "우리 어제 분류하기 문제 풀었잖아. 그때 기분이 어땠어?"

3. 답을 고르는 과정에서 대화를 나누세요.

   "왜 이 표정을 골랐어?"

   "이런 기분이 들었던 특별한 날이 있었어?"

   "○○은/는 이렇게 느끼는구나. 엄마/아빠한테 더 이야기해 줄 수 있어?"

아이의 수학 감정을 이해하고 그에 맞는 지원을 해주는 것. 그것이 이 테스트의 진정한 목적입니다. 그럼 이제 테스트를 시작해 볼까요? 아이와 함께 의미 있는 대화를 나누는 시간, 보내시길 바랍니다.

　　부모님께서 직접 문장을 읽어주시고 아이가 표정 스티커를 골라 붙이거나 표정 딱지를 고를 수 있게 해주세요. (표정 5개를 종이에 그려서 딱지처럼 오려주세요. 아이가 그중 하나의 표정 딱지를 고를 수 있게 전체를 건네 주시면 됩니다.)

　　☺ 매우 좋아요(2점)

　　☺ 좋아요(1점)

　　😐 그냥 그래요(0점)

　　☹ 싫어요(-1점)

　　😞 매우 싫어요(-2점)

수학 진짜 잘하는 법을 알려줄게요.

테스트 항목

1. 수학 시간이 되면 나는

→ (예시) "학교에서 선생님이 '자, 이제 수학 공부 시작할까요?'라고 하실 때 어떤 기분이 들어?"

2. 수학 문제를 풀 때 나는

→ (예시) "우리 어제 ○○문제 풀었잖아. 그때 기분이 어땠어?"

3. 수학 숙제를 할 때 나는

→ (예시) "오늘 숙제로 나온 덧셈 문제를 풀 때 어떤 마음이었어?"

4. 수학 선생님이 설명하실 때 나는

→ (예시) "학교에서 선생님이 칠판에 그림을 그리거나 숫자를 쓰면서 내용을 설명하실 때, 어떤 기분이 들어?"

5. 수학 문제를 틀렸을 때 나는

→ (예시) "지난번에 구구단 문제 틀렸을 때 기분이 어땠어?"

6. 친구들과 함께 수학 공부할 때 나는

→ (예시) "지난주에 민지랑 같이 도형 문제 풀었잖아. 그때

기분이 어땠어?"

7. 새로운 수학 공부를 시작할 때 나는

→ (예시) "오늘처럼 새로운 단원을 시작할 때 어떤 마음이 드는지 이야기해 줄래?"

8. 어려운 수학 문제를 만났을 때 나는

→ (예시) "평소에 풀던 문제랑 다르게 좀 길이가 길거나 조금 어려워 보이는 문제를 만나면 어떤 기분이 들어?"

9. 수학 시험을 볼 때 나는

→ (예시) "단원 테스트를 보기 전에 어떤 기분이 들어?"

10. 수학 발표를 할 때 나는

→ (예시) "학교(학원)에서 수학 시간에 선생님이 너에게 문제의 답을 물어보거나 질문하실 때 어떤 기분이 들어?"

수학 진짜 잘하는 법을 알려줄게요.

결과 분석 (1~10번까지 10개 항목 점수의 총합)

- **15~20점: 수학이 너무 좋아요!**

  수학을 정말 좋아하고 자신감이 넘치네요. 수학 시간이 즐겁고 적극적으로 참여하고 있어요. 앞으로도 이대로만 하게 도와주세요!

- **8~14점: 수학이 아주 조금 좋아요.**

  수학에 대해 긍정적인 마음을 가지고는 있어요. 그리고 대체로 수학 공부를 잘 따라가고 있습니다. 조금 더 자신감을 가져도 좋을 것 같으니 많은 격려를 부탁드립니다!

- **0~7점: 수학과 친구가 되는 연습 중!**

  수학에 대해 좋은 감정도 있고 어려운 감정도 있어요. 아이가 잘할 수 있는 수준부터 차근차근 연습하면 더 재미있어할 거예요. 어려운 부분은 부끄러워하지 말고 선생님께 물어보자고 독려해 주세요!

- **-10~-1점: 수학이 친구가 되길 바라요.**

  수학을 조금 어렵게 느끼고 있어요. 수학의 재미있는 점을 아이와 같이 찾아보면 좋겠습니다. 선생님과 부모님의 도움이 필요한 상황입니다.

- -20~-11점: **수학을 조금이라도 좋아해 줄 수는 없나요?**

수학을 많이 어렵고 불안하게 느껴요. 천천히 쉬운 것부터 시작해 보면 좋을 것 같아요. 아이의 수학과 관련하여 아이를 직접 지도하시는 선생님과 많은 이야기를 나누어 보면 아이 수학을 심폐소생 시킬 실마리를 찾을 수 있을 겁니다.

더 자세히 알아보기

'네/아니요'로 대답하도록 지도하시고,
이 문항들은 참고로만 활용하세요.

- 나는 수학 공부할 때 도움이 필요해요.
- 나는 수학 시간에 손을 들고 발표하는 게 좋아요.
- 나는 수학 문제를 꼼꼼하게 푸는 편이에요.
- 나는 수학 공부를 하다가 모르는 게 있으면 질문해요.
- 나는 수학 시간에 집중이 잘돼요.

수학 진짜 잘하는 법을 알려줄게요.

초등 고학년(4-6학년)용 테스트

학부모님을 위한 가이드

1. 가능하면 아이 스스로 테스트할 수 있는 환경을 만들어 주세요. "네 생각을 솔직하게 표현해도 돼."라는 메시지를 전달하는 것이 중요합니다.

2. 결과에 대해 이야기를 나눌 때는 다음의 예시처럼 구체적인 사례를 함께 떠올려 주세요.
   "요즘 수학 수업에서 어떤 부분이 가장 재미있어?"
   "문제가 잘 풀리지 않을 때는 어떻게 하고 있어?"
   "친구들과 수학 공부를 할 때 어떤 점이 좋아?"

3. 부정적인 응답이 있다면 함께 해결 방안을 찾아주세요.
   "이런 부분이 어려웠구나. 우리 함께 방법을 찾아볼까?"
   "네가 생각하기에 어떻게 하면 더 나아질 수 있을까?"

4. 특히 이 시기에는 친구들과 비교하거나 성적에 대한 부

담감이 커질 수 있습니다. 테스트 결과를 통해 이러한 감정을 발견하면 아이의 이야기를 충분히 들어주고 공감해 주세요.

주의해야 할 상황과 대처 방법

지속적으로 강하게 부정적 감정이 나타나거나 갑작스러운 변화가 있다면 주의 깊게 살펴봐야 합니다. 아이에게 다음과 같은 신호는 없는지 확인해 보세요.

- 특정 상황(시험, 발표 등)에 대한 극심한 불안
- 수학 시간이나 숙제에 대한 지속적인 거부감
- 신체적 반응(두통, 복통 등)을 호소
- 자존감의 뚜렷한 하락

이런 경우에는 1차적으로 아이가 현재 하고 있는 수학 공부의 양과 난이도를 조정해 주시고 담당 선생님과 상담을 하거나 필요하다면 전문가의 도움을 받아보시는 것이 좋습니다.

수학 진짜 잘하는 법을 알려줄게요.

우리 아이의 수학 감정 테스트(초등 4-6학년용)

각 문항에 대해 다음과 같이 점수를 매겨주세요.

- 매우 좋아요(2점)

- 좋아요(1점)

- 그냥 그래요(0점)

- 싫어요(-1점)

- 매우 싫어요(-2점)

1. 나는 수학 시간이 기다려진다.

2. 나는 어려운 수학 문제를 만나면 도전하고 싶다.

3. 나는 수학 문제를 풀 때 뿌듯함을 느낀다.

4. 나는 수학이 우리 생활에 꼭 필요하다고 생각한다.

5. 나는 수학 문제를 풀 때 집중이 잘된다.

6. 나는 틀린 문제를 다시 풀어보는 것이 괜찮다.

7. 나는 수학 시간에 발표하는 것에 자신 있다.

8. 나는 수학 공부를 스스로 계획하고 실천할 수 있다.

9. 나는 수학이 미래에 내 직업에 도움이 될 거라 생각한다.

10. 나는 친구들과 수학 문제를 함께 푸는 것이 좋다.

11. 나는 새로운 수학 개념을 배우는 것이 즐겁다.

12. 나는 수학 문제를 다양한 방법으로 풀어보는 것을 좋아한다.

13. 나는 수학 시험의 전날에도 잠을 잘 잔다.

14. 나는 수학 숙제를 미루지 않는다.

15. 나는 수학 수업 시간이 지루하지 않다.

결과 분석 (1~15번까지 15개 항목 점수의 총합)

- 21~30점: **매우 긍정적인 수학 감정**

  수학에 대한 자신감과 흥미가 매우 높은 상태로 수학적 사고력과 문제 해결 의지가 강한 상태입니다. 자기주도적 학습 태도가 매우 우수합니다. 수학에 관해서는 걱정하지 않으셔도 괜찮겠습니다.

- 11~20점: **긍정적인 수학 감정**

  수학에 대해 매우 긍정적인 정서를 가지고 있어요. 기본적인 학습 동기가 잘 형성되어 있고 앞으로 수학적 성장을 할 가능성이 높습니다.

- 0~10점: **보통의 수학 감정**

  수학에 대해 중립적인 태도를 보이고 있네요. 앞으로 어떤 상황에 놓이느냐에 따라 흥미도가 달라질 수 있겠어요. 적절한 동기부여가 필요한 상태입니다.

- -10~-1점: **다소 부정적인 수학 감정**

  수학에 대한 불안감이 있어요. 자신감 회복이 필요한 상태여서 성공 경험을 통한 동기부여가 필요합니다.

- -30~-11점: **매우 부정적인 수학 감정**

수학에 대한 강한 거부감이 있어요. 수학 불안이 심한 상태여서 현재 아이의 수학 공부 상황을 전면 재검토해 볼 필요가 있습니다. 학부모님의 시선뿐만 아니라 아이를 가까이서 지도하는 모든 선생님과 전문적인 상담을 해 보세요. 근본적인 원인을 찾기 위해 뭐든 해보셔야 하는 상황입니다.

수학 진짜 잘하는 법을 알려줄게요.

학년군별, 영역별 필수 수학 용어 테스트

수학 문제를 올바로 해결하기 위해서는 기초 계산 능력만으로는 부족합니다. 개념을 정확히 이해하고, 문제가 무엇을 요구하는지 파악하며, 알고 있는 개념을 문제에 적절히 적용하기 위해서는 무엇보다 '수학 용어'에 대한 정확한 이해가 선행되어야만 해요. 이 테스트는 2022 개정 교육과정의 성취 기준에서 다루는 주요 용어와 기호들로 구성되어 있습니다. 그만큼 반드시 알아야 하는 필수 내용들이라고 할 수 있죠. Q는 질문 해야 할 용어이며 A는 교과서에 기반한 모범 답안입니다. 아이에게 다음의 예시처럼 각 용어의 의미를 아는지 질문을 해보시기 바랍니다.

(예시) "덧셈이 무슨 뜻이야? 덧셈의 기호를 알고 있니?"

" '=' 표시는 어떤 뜻일까?"

"삼각형을 한번 그려볼래?"

단, 이 테스트를 통해서 아이가 단순히 용어를 아는지 모르는지만 판단하지 마세요. 각 학년에서 배워야 할 핵심 용어들을 얼마나 자신의 것으로 만들었는지, 그리고 이를 통해 어떤 부분에 대한 이해가 부족한지를 파악하는 계기가 되길 바랍니다. 만약 아이가 특정 용어나 기호에 대해 설명하지 못한다면, 교과서나 개념서, 수학 사전, 심지어 수학 동화까지 다양한 도구를 함께 찾아보며, 아이가 자신만의 언어로 이해하고 표현할 수 있도록 도와주세요. A를 정확하게 외워서 답하기보다 자신이 이해한대로 표현할 수 있어야 합니다. 이러한 과정은 단순한 암기가 아닌, 진정한 이해로 이어질 수 있거든요.

그럼, 지금부터 테스트를 시작해 볼까요?

초등 1-2학년군

영역	용어 및 기호
수와 연산	**Q1.** 덧셈, +, *더하기, 합**
	A. 몇 개의 수나 식을 더하는 계산
	Q2. 뺄셈, −, *빼기, 차*
	A. 몇 개의 수나 식을 빼는 계산
	Q3. 곱셈, X, *곱하기, 곱, 배*
	A. 어떤 수나 양을 몇 번 이상 합하는 계산

* 기울임체로 쓰인 부분은 함께 알아두면 좋은 표현입니다

수학 진짜 잘하는 법을 알려줄게요.

	Q4. 짝수	
	A. 2, 4, 6, 8, 10처럼 둘씩 짝을 지을 수 있는 수	
	Q5. 홀수	
	A. 1, 3, 5, 7, 9처럼 둘씩 짝을 지을 수 없는 수	
	Q6. =, 등호, *같습니다*	
	A. 몇 개의 수나 식이 서로 같음을 나타내는 기호	
	Q7. >, <, *부등호, 작습니다, 큽니다*	
	A. 2개의 수나 식의 크기가 서로 같지 않음을 　　나타내는 기호	
도형과 측정	**Q1**. 삼각형	
	A. 그림과 같은 모양의 도형 ˙˙	
	Q2. 사각형	
	A. 그림과 같은 모양의 도형	

˙˙ 초등 1-2학년은 아직 도형의 정의와 성질에 대해 정확하게 설명할 수 있는 시기가 아니므로 직
관적으로 이해하고, 그 모양을 그릴 수 있다면 충분합니다.

Q3. 원

A. 그림과 같은 모양의 도형

Q4. 꼭짓점

A. 삼각형, 사각형의 곧은 선이 만나는 점

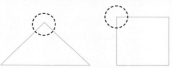

Q5. 변

A. 삼각형, 사각형의 곧은 선

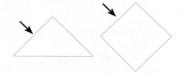

Q6. 시각

A. 3시, 8시처럼 어느 한 시점

Q7. 시간

A. 어떤 시각에서 어떤 시각까지의 사이

Q8. 약

A. 어림한 길이를 말할 때 숫자 앞에 붙이는 말

수학 진짜 잘하는 법을 알려줄게요.

자료와 가능성	Q1. 표
	A. 조사한 자료를 일정한 기준에 따라 직사각형 모양의 칸에 정리한 것
	Q2. 그래프
	A. 자료를 한 눈에 알아볼 수 있도록 점, 직선, 막대, 그림 등으로 나타낸 것

초등 3-4학년군

영역	용어 및 기호
수와 연산	Q1. 나눗셈*, ÷, *나누기*
	A. 어떤 수를 다른 수로 나누는 계산 ⇨ 나눗셈 9 ÷ 2 ⇨ 나눗셈식 9 ÷ 2 = 4 ⋯ 1
	Q2. 몫
	A. 어떤 것을 똑같이 나누었을 때 한 부분의 크기 ⇨ 위 나눗셈식에서 4
	Q3. 나머지
	A. 나눗셈을 하여 나누어 떨어지지 않고 남는 수 ⇨ 위 나눗셈식에서 1

* 어떤 수를 똑같은 수로 나누는 '등분제'와 어떤 수 안에 다른 수가 몇이나 포함되는지 알아보는, 똑같이 묶어 덜어내는 '포함제'의 의미를 모두 아는지 물어보는 것이 좋습니다. 자세한 설명은 198p.를 참고하세요.

Q4. 나누어떨어진다

A. 나눗셈을 하여 나머지가 0이 되는 것

Q5. 분수

A. $\frac{3}{4}$, $\frac{1}{5}$과 같은 형태로 전체를 똑같이 나눈 것 중 일부, 전체에 대한 부분을 나타내는 수

Q6. 분모

A. $\frac{3}{4}$, $\frac{1}{5}$에서 가로선 아래에 있는 수 ⇨ 4, 5

Q7. 분자

A. $\frac{3}{4}$, $\frac{1}{5}$에서 가로선 위에 있는 수 ⇨ 3, 1

Q8. 단위분수··

A. 분수 중에서 $\frac{1}{2}$, $\frac{1}{3}$, $\frac{1}{4}$과 같이 분자가 1인 분수

Q9. 진분수

A. $\frac{1}{4}$, $\frac{3}{4}$과 같이 분자가 분모보다 작은 분수

Q10. 가분수

A. $\frac{4}{4}$, $\frac{5}{4}$와 같이 분자가 분모와 같거나 분모보다 큰 분수

Q11. 대분수

A. $1\frac{3}{4}$과 같이 자연수와 진분수로 이루어진 분수

··여기서는 교과서에서 설명한 대로 기재하였습니다. 좀 더 정확한 설명은 201p. 를 참고하세요.

수학 진짜 잘하는 법을 알려줄게요.

	Q12. 자연수
	A. 1, 2, 3과 같은 수
	Q13. 소수
	A. 0.1, 0.2, 0.3과 같은 수로서 일의 자리보다 작은 자릿값을 가진 수
	Q14. 소수점(.)
	A. 소수에서 '.'
도형과 측정	**Q1**. 직선
	A. 선분을 양쪽으로 끝없이 늘인 곧은 선
	Q2. 선분
	A. 두 점을 곧게 이은 선
	Q3. 반직선
	A. 한 점에서 시작하여 한쪽으로 끝없이 늘인 곧은 선
	Q4. 각
	A. 한 점에서 그은 두 반직선으로 이루어진 도형
	Q5. (각의)꼭짓점
	A. 두 반직선이 만나는 점

Q6. (각의)변

A. 각을 만드는 두 반직선

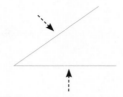

Q7. 직각

A. 종이를 반듯하게 두 번 접었을 때 생기는 각

Q8. 예각

A. 각도(각의 크기)가 0°보다 크고 직각보다 작은 각

Q9. 둔각

A. 각도가 직각보다 크고 180°보다 작은 각

Q10. 수직

A. 두 직선이 만나서 이루는 각이 직각일 때,
   두 직선은 서로 수직인 관계임

Q11. 수선

A. 두 직선이 서로 수직으로 만나면, 한 직선을 다른
   직선에 대한 수선이라고 함

수학 진짜 잘하는 법을 알려줄게요.

Q12. 평행

A. 서로 만나지 않는 두 직선

Q13. 평행선

A. 평행한 두 직선

Q14. 원의 중심

A. 원을 그릴 때에 누름 못이 꽂혔던 점

Q15. 반지름

A. 원의 중심과 원 위의 한 점을 이은 선분

Q16. 지름

A. 원 위의 두 점을 이은 선분이 원의 중심을 지날 때,
   이 선분

Q17. 이등변삼각형

A. 두 변의 길이가 같은 삼각형

Q18. 정삼각형

A. 세 변의 길이가 같은 삼각형

Q19. 직각삼각형

A. 한 각이 직각인 삼각형

Q20. 예각삼각형

A. 세 각이 모두 예각인 삼각형

Q21. 둔각삼각형

A. 한 각이 둔각인 삼각형

Q22. 직사각형

A. 네 각이 모두 직각인 사각형

	Q23. 정사각형
	A. 네 각이 모두 직각이고 네 변의 길이가 모두 같은 사각형
	Q24. 사다리꼴
	A. 평행한 변이 한쌍이라도 있는 사각형
	Q25. 평행사변형
	A. 마주보는 두 쌍의 변이 서로 평행한 사각형
	Q26. 마름모
	A. 네 변의 길이가 모두 같은 사각형
	Q27. 다각형
	A. 선분으로만 둘러싸인 도형
	Q28. 정다각형
	A. 변의 길이가 모두 같고, 각의 크기가 모두 같은 다각형
	Q29. 대각선
	A. 서로 이웃하지 않는 두 꼭짓점을 이은 선분
자료와 가능성	**Q1**. 그림 그래프
	A. 알려고 하는 수를 그림으로 나타낸 그래프
	Q2. 막대 그래프
	A. 조사한 자료를 막대 모양으로 나타낸 그래프
	Q3. 꺾은선 그래프
	A. 수량을 점으로 표시하고, 그 점들을 선분으로 이어 그린 그래프

영역	용어 및 기호
수와 연산	**Q1.** 이상
	A. 어떤 수와 같거나 큰 수
	Q2. 이하
	A. 어떤 수와 같거나 작은 수
	Q3. 초과
	A. 어떤 수보다 큰 수
	Q4. 미만
	A. 어떤 수보다 작은 수
	Q5. 올림
	A. 구하려는 자리의 아래 수를 올려서 나타내는 방법
	Q6. 버림
	A. 구하려는 자리의 아래 수를 버려서 나타내는 방법
	Q7. 반올림
	A. 구하려는 자리 바로 아래 자리의 숫자가 0, 1, 2, 3, 4이면 버리고, 5, 6, 7, 8, 9이면 올려서 나타내는 방법
	Q8. 약수
	A. 어떤 수를 나누어떨어지게 하는 수
	Q9. 공약수
	A. 공통된 약수

	Q10. 최대공약수
	A. 공약수 중에서 가장 큰 수
	Q11. 배수
	A. 어떤 수를 1배, 2배, 3배⋯ 한 수
	Q12. 공배수
	A. 공통된 배수
	Q13. 최소공배수
	A. 공배수 중에서 가장 작은 수
	Q14. 약분
	A. 분모와 분자를 공약수로 나누어 간단한 분수로 만드는 것
	Q15. 통분
	A. 분수의 분모를 같게 하는 것
	Q16. 기약분수
	A. 분모와 분자의 공약수가 1뿐인 분수
변화와 관계	**Q1.** 비
	A. 두 수를 나눗셈으로 비교하기 위해 기호 :을 사용하여 나타낸 것
	Q2. 기준량
	A. 비 1:3에서 기호 :의 오른쪽에 있는 3
	Q3. 비교하는 양
	A. 비 5:4에서 기호 :의 왼쪽에 있는 5

수학 진짜 잘하는 법을 알려줄게요.

	Q4. 비율
	A. 기준량에 대한 비교하는 양의 크기 ⇨ (비율)=(비교하는 양)÷(기준량) $= \dfrac{\text{비교하는 양}}{\text{기준량}}$
	Q5. 백분율
	A. 기준량을 100으로 할 때의 비율
	Q6. %
	A. 백분율의 기호
	Q7. 비례식
	A. 비율이 같은 두 비를 기호 '='를 사용하여 3:4=6:8과 같이 나타내는 식
	Q8. 비례배분
	A. 전체를 주어진 비로 배분하는 것
도형과 측정	**Q1. 합동**
	A. 모양과 크기가 같아서 포개었을 때 완전히 겹치는 두 도형
	Q2. 대칭
	A. 도형이 점, 선을 기준으로 서로 같은 거리에 있는 상태
	Q3. 대응점
	A. 서로 합동인 두 도형을 포개었을 때 완전히 겹치는 점
	Q4. 대응변
	A. 서로 합동인 두 도형을 포개었을 때 완전히 겹치는 변

Q5. 대응각

A. 서로 합동인 두 도형을 포개었을 때 완전히 겹치는 각

Q6. 선대칭도형

A. 한 직선을 따라 접었을 때 완전히 겹치는 도형

Q7. 점대칭도형

A. 한 도형을 어떤 점을 중심으로 180° 돌렸을 때 처음
도형과 완전히 겹치는 도형

Q8. 대칭축

A. 선대칭도형이나 선대칭 위치에 있는 도형에서 두
도형을 서로 완전히 겹쳐지게 하는 선

Q9. 대칭의 중심

A. 점대칭도형이나 점대칭 위치에 있는 도형에서
대응점끼리 이은 선분들이 만나는 점

Q10. 직육면체

A. 직사각형 6개로 둘러싸인 도형

Q11. 정육면체

A. 정사각형 6개로 둘러싸인 도형

Q12. 면

A. 직(정)육면체에서 선분으로 둘러싸인 부분

Q13. 모서리

A. 직(정)육면체에서 면과 면이 만나는 선분

수학 진짜 잘하는 법을 알려줄게요.

Q14. 밑면

A. 직(정)육면체에서 계속 늘여도 만나지 않는 평행한
   두 면

Q15. 옆면

A. 직(정)육면체에서 밑면과 수직인 면

Q16. 겨냥도

A. 직(정)육면체 모양을 잘 알 수 있도록 나타낸 그림

Q17. 전개도

A. 직(정)육면체의 모서리를 잘라서 펼친 그림

Q18. 각기둥

A. 두 밑면이 서로 평행하고 합동인 다각형으로 이루어진
   기둥 모양의 도형

Q19. 각뿔

A. 밑면이 다각형이고 옆면이 모두 삼각형인 도형

Q20. 원기둥

A. 두 밑면이 서로 평행하고 합동인 원으로 이루어진 기둥
   모양의 도형

Q21. 원뿔

A. 밑면이 원이고, 옆면이 곡면인 뿔 모양의 입체도형

Q22. 구

A. 축구공, 배구공, 야구공 등과 같은 입체도형

Q23. 모선

A. 원뿔에서 원뿔의 꼭짓점과 밑면인 원의 둘레의 한 점을 이은 선분

Q24. 밑변

A1. 평행사변형에서 평행한 두 변
A2. 삼각형에서의 어느 한 변
A3. 사다리꼴에서 평행한 두 변 (한 밑변을 윗변, 다른 밑변을 아랫변이라고 함)

Q25. 높이

A1. 평행사변형에서 두 밑변 사이의 거리
A2. 삼각형의 밑변과 마주보는 꼭짓점에서 밑변에 수직으로 그은 선분의 길이
A3. 사다리꼴에서 두 밑변 사이의 거리

Q26. 원주

A. 원의 둘레

Q27. 원주율

A. 원의 지름에 대한 원주의 비율
⇨ (원주율)=(원주)÷(지름)

수학 진짜 잘하는 법을 알려줄게요.

자료와 가능성	Q1. 평균
	A.모든 자료 값을 더해 자료의 수로 나눈 수, 자료를 대표하는 값
	Q2. 띠 그래프
	A. 전체에 대한 각 부분의 비율을 띠 모양에 나타낸 그래프
	Q3. 원 그래프
	A. 전체에 대한 각 부분의 비율을 원 모양에 나타낸 그래프
	Q4. 가능성
	A. 어떠한 상황에서 특정한 일이 일어나길 기대할 수 있는 정도

3부

초중고 수학, 한눈에 보는 핵심 로드맵

1장

초등 수학부터
고등 수학까지의 현실

"1학년 때는 한글과 영어가 더 중요하지 않나요?"
"2학년인데 아직 수학은 학교 수업만으로도
충분한 것 같아요."

초등 저학년 학부모 모임에서 수학 이야기는 타 과목에 비해 그리 큰 비중을 차지하지 않습니다. 그 대신 독서나 영어 교육에 대한 이야기는 활발히 오가죠. 수학은 아직 학교 수업 수준(사칙연산 등) 정도만 잘하면 된다고 생각하는 분도 많기 때문에 실제로 이 시기에 빠른 수학 선행이나 심화 학습을 하는 아이는 많지 않습니다. 하지만 이런 여유로운 분위기는 오래가지 않습니다. 3, 4학년이 되면 상황이 완전히 달라지거든요. 특히 주변에서 들려오는 선행 학습 이야기가 학부모님의 마음을 불안하게 만듭니다. 한 학기, 두 학기, 때로는 한두 학년까지 앞서 나가는 아이들의 이야기를 들으면 우리 아이만 뒤처지는 것은 아닌지 걱정이 되기 시작하죠. 하지만 이런 불안감이 드는 원인은 단순히 '남들이 하니까'라는 것 때문만은 아닙니다.

3학년부터는 교과 수학 내용이 본격적으로 추상화됩니다. 분수와 소수의 개념이 등장하고 도형의 성질을 이해해야 하며 다양한 단위 환산도 필요해지죠. 이전처럼 단순 계산만으로는 해결되지 않는 문제를 직접 마주하게 되는 겁니다. 그래서 고난도 문제집도 필수가 아닌지 걱정이 되죠.

게다가 현실적인 고민도 더해집니다.

"영재 학교를 목표로 한다면
지금부터는 준비해야 한다더라고요."
"과학고에 가려면 경시대회 수준까지

　　　　　　　　　수학 진짜 잘하는 법을 알려줄게요.

중학교 때는 수학을 다 끝내야 한다던데….”

“의대를 생각한다면 3년 이상의 수학 선행은 필수라면서요?”

이런 막연하지만 장기적인 목표가 학부모님의 선택을 더욱 어렵게 만듭니다. 당장은 수학 선행이나 심화가 필요해 보이지 않더라도 미래의 '가능성'을 위해 미리 준비해야 하는 것은 아닌지 고민이 되는 거죠.

초중등 수학 점수는 진짜 실력이 아니다

초중등 때는 자신의 수준을 객관적으로 파악하지 못하다가 고등학교에 올라가서야 비로소 자신의 실력을 알게 되는 경우가 많습니다. 그래서 '초중등까지 수학 잘하던 아이, 고 1 때 무너지는 이유'와 같은 제목의 유튜브 영상이 자주 등장하고, 그때마다 학부모님들께 큰 관심을 받고 있죠. 이건 단지 관심(어그로)을 끌려는 의도가 아니라 실제 사례에 기반하기 때문입니다.

초등까지는 아이 실력을 가늠할 수 있는 객관적인 시험이 거의 없습니다. 그렇기 때문에 다니고 있는 학원의 레벨 테스트 (학원에서 아이가 지금 '이 수준이다' 하면 그렇게 알 수밖에 없는 상황)나 풀고 있는 문제집의 수준(+정답률) 정도가 아니면 아이 실력을 대략적으로도 알기가 어렵습니다. 중학교 땐 그래도 학교 내신 시험이 있으니까 수준을 알 수 있겠다 싶으시겠지만 사실은 그것도 맹신해서는 안 됩니다. 바로 다음의 2가지 이유 때문입니다.

첫째, **중등 내신 시험은 보통 '문제 은행 식'으로 출제**됩니다.

쉽게 말해 시중 문제집에서 이미 보았던 문제가 최소 80% 이상이 나온다는 얘기예요. 그렇기 때문에 내신 시작 전에 『○○ 평가문제집』, 『○○ 기출문제집』이라는 이름의 교재를 집중적으로 반복해서 푼다면 80점 이상은 생각보다 쉽게 받을 수 있습니다. 게다가 아이들 간의 변별력이 크게 필요하지 않은 시기(내신 성적이 입시 결과에 영향을 미치지 않는 경우가 대부분이니까요.)이고, 교육적인 차원에서도 아직은 수학을 포기하도록 둘 수 없는 시기이기 때문에 (굳이 어렵게 시험을 출제해서 좌절하게 할 필요는 없죠.) 경쟁이 치열한 학군지나 소위 명문 중학교 일부를 제외하고는 시험문제를 어렵게 출제할 이유가 없습니다. 따라서 본인이 하고자 하는 의지만 있다면 초등 때 다소 실력이 부족했던 아이라도 중학교 때는 충분한 성적 향상을 기대해 볼 수 있어요.

둘째, 그렇기 때문에 **지역별, 학교별로 시험의 난이도 차이가 발생**합니다. 결국 중학교 성적으로도 전국에서 우리 아이의 객관적 위치를 가늠하기가 쉽지 않은 거죠(결국 대입은 전국 단위의 경쟁이니까요.). 실제로 시험이 쉽게 출제되는 중학교에서 전교권에 있던 학생이 수준 높은 고등학교에 진학한 후 성적이 크게 하락하면서 자신의 위치를 그제서야 실감했다는 얘기를 종종 듣게 됩니다. 그 차이가 어느 정도냐면 전교생 중 90점 이상의 비율이 50~60%인 학교도 있는가 하면 20~30%에 불과한 학교도 있을 정도예요. 물론, 90점 이상의 비율이 높은 이유가 단순히 학교 시험이 쉽다는 것 외에도 '재학생의 평균 수준이 높기 때문'일 수도 있지만 우리는 이 사실로부터 '중학교 시험'은 그 결과만 놓고 봤을 때 객관성과 보편성을 띠기가 쉽지 않다는 것을 알 수 있습니다.

그래서 만약 중학생인 우리 아이가 비교적 시험문제가 쉽게 출제되는 학교에 다니고 있다면 성적이나 등수에만 만족하지 말고 학군지 학교나 명문 중학교의 내신 기출문제를 풀게 해보는 것을 권장합니다. 아이가 고등학교에 진학한 후에 자신의 실력을 체감하며 한순간 무너지는 것을 원치 않으신다면요.

수학 진짜 잘하는 법을 알려줄게요.

수학 선행을 해야 하는 현실적인 이유 3가지

많은 학부모이 이런 여러 가지 불안함 때문에 일단 '선행 학습'을 선택하게 됩니다. 왜 해야 하는지 명확히 알지 못한 채로요. 사실 수학교육 전문가들 사이에서도 선행의 시작 시기와 속도에 대해서는 의견이 분분한 편입니다. 하지만 현실적인 교육 환경을 들여다보면 어느 정도는 선행 학습이 불가피해 보이는 이유가 있어요.

급격히 늘어나는 학습량

첫째, 학교 급이 올라갈수록 수학 학습량은 급격히 늘어납니다. 2022 개정 교육과정을 기준으로 봤을 때, 초등 1, 2학년군의 성취 기준*은 4개 영역 29개이고, 이 시기에 꼭 알고 가야 하며 꼭 다루어야 하는 수학 용어와 기호의 개수는 23개에 불과합니다.

· 특정 교육과정을 통해 달성해야 할 구체적인 학습 목표나 성과

(그마저도 '덧셈, 뺄셈, 곱셈, 짝수, 홀수, +, −, ×, =, 〉, 〈' 같은 수준입니다.) 그런데 3, 4학년이 되면 성취 기준이 47개(직전 학년에 비해 18개 증가), 용어 및 기호의 개수는 56개로 급증하죠. 또 그 수준도 훨씬 올라갑니다.

더구나 수학은 나선형 학습을 하도록 교육과정이 설계되어 있는데요, 각 학년 수학의 난이도는 이전 과정의 완벽한 이해를 전제로 하기 때문에 기초가 부실한 아이에게는 '누적 학습'으로 여겨지기 쉽습니다. (예를 들어, 초 3 과정에서 양의 등분할을 통해 분수의 필요성을 인식하고 이해해야만 초 4 때 분모가 같은 분수의 계산 원리를 이해할 수 있어요.) 지금 배우는 것만 알아도 되는 것이 아니라 기억조차 나지 않는 아래 학년의 것까지 알아야만 하는 거죠. 그래서 체감 학습량은 더욱 증가하게 됩니다. 즉, 학년이 올라갈수록 점점 더 학습량이 늘어나고 난도도 높아지기 때문에 '미리 학습'할 필요성이 대두되는 거예요. 한 번 공부한 것보다는 두 번, 세 번 공부하면 더 잘 익힐 수 있다는 생각이 그 밑바탕에 깔려 있습니다.

수학 진짜 잘하는 법을 알려줄게요.

체감 난이도 급상승

둘째, **학교 급이 올라갈수록 아이들이 느끼는 체감 난이도가 급
상승합니다.** 수학은 학생들 간의 실력 차이가 가장 극명하게 드러
나는 과목입니다. 고등 최상위권으로 갈수록 가장 주요한 변별
력을 지니는 과목이면서 고등으로 갈수록 수학을 포기하는 아이
의 비율이 급증하죠. 최근 발표된 '2024 서울 학생 문해력, 수리
력 진단검사(서울시 교육청, 2025. 1.)' 결과에 따르면 초 6, 중 2, 고
1 아이들의 수리력 기초 수준 이하 비율은 19.93% ⇨ 32.53% ⇨
41.3%로 급격하게 늘어났습니다.

게다가 더욱더 인상적인 것은 수학은 다른 여타 과목(국어,
영어)에 비해 실력별로 자신감과 학습 의욕의 편차가 극명하다
는 겁니다. '2023년 국가수준 학업성취도 평가 결과(한국교육과정
평가원, 2024. 6.)'에 따르면, 중 3 아이들 중에서 3수준(성취 기준의
상당 부분을 이해하고 수행하는 수준) 아이들과 1수준(성취 기준을 이
해하고 수행하기 위해서 많은 노력이 필요한 수준) 아이들 간 국영수
과목별 자신감의 차이가 국어는 7.1%, 영어는 22.4%인데 비해 수
학은 34.1%나 납니다. 학습 의욕은 국어는 20.8%, 영어는 35.8%
인데 수학은 42.3%의 차이가 나고요. 고등학교 2학년으로 가면

국어의 3수준과 1수준 아이들 간 학습 의욕의 격차는 24%, 영어도 24.1%인데 수학은 무려 41.1%의 차이를 보입니다.

이 조사를 통해 알 수 있는 것은, 국어는 '한국어니까 해볼 만하다(?)', '영어는 '수능에서 절대평가를 하니까' 등의 이유로 그래도 학습하려는 의지가 보이는 것에 반해 수학 과목에 대해서는 전혀 다른 감정을 느낀다는 겁니다. 자신의 수학 실력에 대해 긍정적인 판단도 안 되고, 어렵고 낯선 문제에 도전하려는 의지도 훨씬 적다는 것을 알 수 있죠. 이는 앞선 서울시 교육청의 연구조사 결과와도 일치합니다. 아이들이 체감하는 난이도가 실제 수준의 차이보다 훨씬 더 크다는 것을 짐작할 수 있습니다.

현실적으로 부족한 시간

셋째, **고등학교 진학 후에는 내신과 수능 두 마리 토끼를 다 잡아야 해서 생각보다 시간이 별로 없습니다.**

고등학교 내신 평가 목적은 이전과 완전히 달라졌습니다. 2025년부터 고교학점제가 전격 도입되고 2028학년도 대입 개편안의 큰 틀이 발표되면서 고등학교에서의 내신과 수능의 영향력

수학 진짜 잘하는 법을 알려줄게요.

에 대한 다양한 전망이 나오고 있습니다. 수능도 선택과목 없이 공통과목 중심으로 치러지고 내신도 9등급에서 5등급 체제로 바뀌어서 대학 입시가 예전에 비해 쉬워졌다고 생각하실지 모르지만 우수한 학생을 가려내어 선발해야 하는 대학 입장에서는 다양한 방법으로 응시자를 평가할 가능성이 커졌죠.

예를 들어, 학생부 중심 전형으로 학생을 뽑을 때 수능 최저의 기준을 강화할 가능성이 있습니다. 수능 중심의 정시 전형에서는 내신 성적을 요구할 수 있고요. 그래서 수시파/정시파로 나뉘어 고 1까지의 내신 성적이 만족스럽지 못할 경우에는 일찍부터 '정시 올인'을 선택했던 정시파 아이들도 이제는 내신까지 잘 챙겨야 할 수 있습니다. 지방 일반고 학생의 경우도 이전에는 잘 만든 내신으로 학생부 전형을 노리는 수시 전략을 세웠었다면 이제는 강화된 수능 최저 점수를 맞추기 위해서 수능 공부까지 매진해야 할 가능성도 있어요. 즉 입시를 위해 고교 내내 내신, 모의고사 성적 둘 다와 치열하게 싸워야 하는 상황이 될 가능성이 높아진 겁니다.

또한 모집 단위별 전공 연계 과목을 이수해야만 가점을 받거나 유리한 전형이 나온다면 자연계열 전공에서의 수학 과목의 중요성은 지금보다 더욱 강화될 가능성이 높습니다. 수능 개편안

만으로는 이공계에서 필요한 수학적 역량을 갖추었는지 파악하기가 어렵기 때문입니다.

특히 주목해야 할 점은 고등학교 내신의 변화입니다. 소위 '좋은 고등학교'들은 이제 더 이상 중학교 때처럼 문제 은행 식 출제를 하지 않습니다. 그 대신 신유형, 고난도 문제의 비중을 늘려서 학생들 간의 실력 차이를 더욱 명확하게 드러내려 하고 있어요. 게다가 초중등과 비교할 수 없을 정도로 높은 '기본 개념의 난도'는 지금까지의 공부 방식으로는 넘기 어려운 산처럼 느껴질 수 있습니다. 초중등 수학의 개념을 빈 구멍 없이 잘 채워온 아이가 아니라면 공부를 하고 싶어도 (어려워서) 할 수 없는 상황을 맞을 수 있죠.

요컨대 이렇게 다양한 현실적인 이유 때문에 '어느 정도의 선행학습은 필요하다'는 말입니다.

하지만 너도 나도 하는 선행 학습의 결과는 과연 어떤가요? '초중등 때 잘하다가 고 1 때 무너진 아이'가 과연 수학 선행 학습을 하지 않았을까요? 아니요. 오히려 초중등 때 수학에서 두각을 나타냈다면 더 빨리 더 많이 선행을 했을 가능성이 높습니다.

하지만 그 과정에서 '뭔가 잘못되고 있다'는 시그널은 계속 있었을 거예요. 다만 아이나 학부모님이 그 시그널을 눈치챘더라도 '선행 열차'에서 내릴 수가 없었겠죠. 고 1 수학을 배우는 아이가 현행 (중등) 시험에서 80점대를 받는다면 당장 선행 학습을 그만두어야 하는데도 그러지 못했습니다. 선행 학습은 이처럼 한 번 올라타면 절대 내릴 수 없다고 믿는 급행열차와 같습니다.

선행을 일찍 시작한 아이 부모가 땅 치고 후회한 사연

　　앞서 언급한 현실적인 이유를 알지 못해도 주변의 분위기 때문에 선행 학습을 일찍 시작하는 아이가 많습니다. 학군지라면 더 그렇고 비학군지라도 교육에 관심이 있는 학부모님이라면 꼭 해야 하는 공식처럼 여기고 계실 테니까요. 하지만 대부분은 선행 학습을 잘못하고 있습니다.

　　고등 수학 선생님들이 고등 선행 학습을 했다는 아이들을 테스트해 보고는 항상 하는 말이 있습니다.

　　"선행 학습 했다는 애들, 어차피 고등 수학 처음부터 다시 가르쳐야 해요. 쓸데없는 습관을 만들어 오거나 공식만 외워 오면 오히려 바꾸기가 더 힘들죠. 그냥 아무것도 안 배우고 중등 실력만 잘 다져온 아이들이 훨씬 더 잘한다니까요."

　　실제로 여러 사교육 기관을 돌다가 저를 찾아온 중 2~고 1 아이들도 대부분 비슷한 문제점을 가지고 있었습니다.

　　　　　　　　　　　　　　수학 진짜 잘하는 법을 알려줄게요.

    A가 저를 찾아온 것은 고등학교 첫 시험을 망치고 난 직후였습니다. 이미 중학교 때부터 고등 과정의 선행 학습을 시작했고, 고 1 과정은 이미 여러 학원에서 서너 번이나 배운 상태라더군요. A의 학교는 매년 졸업생을 포함해서 서울대를 두 자릿수로 보내는 지역 명문고였어요. 그 지역의 학부모라면 모두, 아이가 그 학교에 배정되길 바라지만 동시에 상위권을 위한 준비가 만만치 않아서 일찍부터 수학 선행 학습을 적극적으로 시켜야만 했습니다.

    먼저 학부모님과 상담해 보니 그렇게 오랜 시간 (고등 수학을) 공부했고 또 학원에서도 곧잘한다는 소리를 들었는데, 막상 첫 시험을 치루고 나니 실수도 많이 했고 실력 발휘를 제대로 못한 것 같아서 너무 걱정되어 왔다고 하시더라고요. 부진의 원인을 '실수', '시험 공포', '시험 운용 실패'로 생각하고 계신 것 같았습니다.

    다음으로 A와 상담을 진행하며 개념 설명, 기본 문제 풀이 같은 가벼운 테스트를 실행해 봤는데 진단 결과, A는 전형적인 '가짜 선행'을 한 아이였어요. 시험을 망친 이유도 실수나 시험 공포, 시험 운용의 문제가 아니라 그냥 '실력 부족' 때문이었습니다. 결과를 들은 A의 어머님은 정말 크게 낙담하셨죠.

일찍부터 그것도 굉장히 여러 번, 충분히 고 1 수학을 대비해 왔다고 생각했고 그동안의 (학원) 테스트에서도 큰 문제가 없었는데 실력이 부족하다고 했을 때 사실 학부모님이나 A 모두 제 말을 받아들이기가 어려웠을 겁니다. 하지만 제가 보기엔 너무나 명백했어요.

1) 기본적인 개념을 설명하지 못했습니다. 개념 자체에 대한 설명을 요구하거나 또는 적용 문제를 풀 때, 왜 그 개념을 적용했는지를 물어보니 '아는 데 설명하기가 어렵다'는 핑계를 대더군요. **냉정하게 말해서 그건 모르는 겁니다.**

2) 전형적인 유형 문제는 보자마자 달려들어 풀었지만 같은 개념을 적용하는 변형 문제는 접근도 하지 못했습니다. 1)과 마찬가지 이유로 왜 그 개념을 그 문제에 적용해야 하는지 모르는 거죠.

3) 그러다 보니 공식도 유도해 내지 못했어요.

4) 또 풀이 설명에 집중하지도 않았습니다. '아는 걸 설명한다'는 태도였지요. 정작 본인에게 설명을 요구하면 하지도 못하면서 말입니다.

'일부 그런 경우가 있겠지…' 라는 생각이 드실지도 모르겠습니다. 그런데요, 이런 아이가 정말 많습니다. 실제 실력은 2 정도인데 공식과 요령에 젖어서 본인의 실력을 5~6이라고 착각하는 아이 말입니다. 물론 2 정도만 해도 성적을 그럭저럭 받을 수 있고, 중등처럼 문제 은행 식의 내신 시험문제를 출제하는 학교도 있긴 합니다. 하지만 A의 학교는 그런 곳이 아니었기 때문에 바로 실력이 들통나 버린 거예요. A는 그 이후로 태도 교정과 제대로 된 개념 중심의 학습을 몸에 익히느라 생각보다 많은 시간을 수학 공부에 들여야 했습니다.

배운 과정 속의 세부적인 내용(개념)을 잘 모르면서 전체적인 느낌(?)이나 공식 중 일부만 알고 있다는 것은 낮은 수준의 지식만 계속 쌓았다는 것을 의미합니다. 이렇게 공부한 아이는 절대로 수학을 잘할 수 없습니다. 어떠신가요? 앞에서 소개한 고등 수학 선생님들의 '고등 수학을 하나도 공부하지 않았지만 중등 수학을 잘 다져온 아이를 차근차근 가르치는 것이 더 쉽고 빠르다'는 말씀이 일리가 있지 않나요?

그렇다면 왜 이런 식으로 선행 학습을 하는 아이가 많을까요?

흔히 행해지고 있는 선행 학습의 진실

일반적인 아이가 수학 선행 학습을 시작하는 때를 알고 계시나요? 제 경험적인 통계로는 중등 선행 학습은 초 5부터이고 고등 선행 학습은 중 2부터 시작하는 것이 일반적입니다. 하지만 오해하지 않으셔야 하는 것은 초 5 때 중 1 수학을 바로 시작하는 것이 아니라 **초 5 때부터 순차적으로 초 6 선행 학습 ⇨ 중 1 선행 학습 ⇨ 중 2 선행 학습, 이렇게 '진짜 선행 학습'을 하기 시작**한다는 의미예요. 고등 선행 학습도 중 2부터 중 3 수학을 시작으로 선행 학습에 박차를 가하죠. 이러한 스케줄을 기본으로 아이의 습득 정도나 진학 목표에 따라 조금 더 빨리, 조금 더 늦게 진행하기도 합니다.

다음 표는 초 6 겨울방학부터 중등 선행 학습을 시작하는 상황을 가정하여 중 2 때 고등 수학 선행 학습을 시작하고, 고등 입학 전에 조금 욕심을 내서 고 2 수학까지 학습하는 것을 목표로 한 커리큘럼을 나타낸 것입니다. 이 표에서 몇 가지 특이점을 찾아낼 수 있습니다.

수학 진짜 잘하는 법을 알려줄게요.

초 6 겨울방학 ~ 중 3 2학기까지 진도 커리큘럼

겨울방학	1-1	여름방학	1-2	겨울방학	2-1
1-1 개념 1-2 개념	1-1 심화 2-1 개념	1-2 심화 2-1 심화1	2-2 개념 3-1 개념	2-2 심화1 3-1 심화1	2-1 심화2 3-2 개념
여름방학	2-2	겨울방학	3-1	여름방학	3-2
2-2 심화2 공통수학1 개념	2-2 심화3 공통수학1 심화1	3-1 심화2 공통수학2 개념	3-1 심화3 공통수학2 심화1	3-2 심화1 대수개념	미적분I 개념 확률과 통계 개념

1) 중등 학기 중, 현행과 선행 학습을 병행합니다.

⇨ 이렇게 하지 않으면 초 6 겨울방학부터 시작한 중등 선행 학습 후, 중 2 여름방학에 목표로 한 고등 선행 학습을 시작할 수가 없기 때문입니다.

→ 하지만 내신 대비 기간(2~4주)에는 선행 학습 진도를 일시 정지할 수밖에 없고, 내신 기간이 끝난 후에는 (선행 학습한 내용을 잊어버리는 아이가 많아서) 멈췄던 선행 학습 진도를 그대로 이어갈 수가 없기 때문에 일부를 복습한 다음에 진도를 나가게 됩니다. 즉, 학기 중에는 현행/선행 학습, 내신 대비까지 학습량이 과도할 뿐만 아니라 학습의 흐름도 끊기게 되고 시간에 쫓기다 보니 깊이 있는

학습을 하기가 어려워지죠.

2) 방학 때는 필수로 두 학기 과정을 동시 진행합니다.

⇨ 방학은 내신 기간이 없기에 선행 학습 진도를 가능한 한 많이 빼야 하는 시기예요.

→ 겨울방학은 긴 편이지만 여름방학은 상대적으로 짧기 때문에 이때 진도를 졸속으로 진행하는 경우가 많습니다. 이때 미완성된 학습은 (공식과 일부 유형만 기억하고 넘어가는 아이가 많아서) 다음 학기 선행 학습에 지속적으로 악영향을 미칠 수밖에 없죠.

3) 각 학기 내용은 1학년, 3학년 2학기 과정을 제외하고는 최소 3회 이상 반복합니다.

⇨ 시간의 제약으로 인해 각 과정이 미완성이기도 하고 여러 번 반복하면서 배운 내용을 잊지 않게 하기 위함입니다.

→ 하지만 숨은 뜻은 '그 단계에서는 일정 수준 이상의 완성도를 달성할 수 있는 실력이 아니'기 때문입니다. 1~2년 후의 학습 내용을 이해할 수 없는 (대부분의) 아

이를 위해서 난도를 낮게 가르치고, 아이도 이해가 안
되어 그냥 외우다 보니 잊지 않도록 '반복'할 수밖에 없
는 거죠.

4) 고등 입학 전에는 고 2 수학까지의 선행 학습을 목표(?)
로 합니다.

⇨ 이렇게 목표를 잡아야 현실적으로 고 1 수학까지 끝낼
수 있습니다. (이마저도 끝내기가 어렵습니다. 고등 수학은
양이 많아서 2회 반복밖에 못 하는 일정이거든요.) 또한 이
경우는 늦게 시작한 아이에게 해당하는 사례이기 때문
에 초 5에 선행 학습을 시작하면 더 빠른 선행 학습을
할 수 있다고 학부모님을 설득할 수 있는 포인트가 되
는 거죠.

→ 선행 학습은 '그냥 몇 번 배웠다'는 것만으론 전혀 의미
가 없습니다. 앞서 말한 A의 가짜 선행 학습을 기억하시
지요? 그냥 몇 번 대충 배운 아이는 어차피 고등 수학 공
부를 다시 해야 합니다. 오히려 나쁜 습관이 들어 이후의
수학 공부를 망칠 가능성이 더 높죠.

중등까지의 기초가 튼튼하지 않은 상태에서 고등 수학 실력이 응용 이상의 수준까지 오르는 것은 쉽지 않습니다. 심한 경우, 초등 저학년부터 이런 식으로 달려왔을텐데 중등 수학을 과연 제대로 배웠을까요? 중등 수학도 마찬가지로 '속도 + 반복'으로 끌어온 거고, 여기에 내신 대비 '집중 문제 풀이'로 땜질을 해왔던 거죠. 이처럼 가짜 선행 학습을 한 아이 대부분은 기초 단계만 수박 겉핥듯이 배우고는 '진도를 나갔으니 고 2까지 선행 학습을 했다'는 이름으로 포장됩니다. 그 진가는 고등학교에 진학한 후 진짜 시험을 봐야지만 드러나고요.

고등학교 수학은 '누가 빨리 도달하느냐'가 아닌 '누가 더 튼튼하게 다지고 왔느냐'의 싸움입니다. 흥미로운 점은 초등학교 3학년 때 선행 학습을 시작한 아이나 중학교 1학년 때 시작한 아이나 결국에는 모두 고등학교 입학 전의 선행 학습 진도가 고 1 수학으로 수렴되는 경향을 보인다는 것입니다.

초 3 때 선행 학습을 시작해서 중등 입학 전에 중 2 과정까지 끝내고, 중 1 때 고등 선행 학습을 시작해도 개념과 응용 단계가 튼튼하지 못하면 고등학교에 입학할 때까지 2년이 넘는 시간 동안 고 1 과정을 반복할 수밖에 없습니다. 고 2 과정으로 넘어가고 싶어도 불안해서 못 넘어가는 실력인 경우가 정말 많거든요. 반면에 중 1 때 선행 학습을 시작해서 중 3 여름방학에 겨우 고등 수학을 시작한 아이라도 개념과 응용을 착실하게 밟은 아이라면 고등 수학이 크게 두렵지 않을 수도 있습니다. 이것이 바로 '빠른 선행 학습'이 아닌 '튼튼한 선행 학습'을 강조하는 이유입니다.

선행 학습이 필요하다는 것은 맞습니다. 하지만 그것은 속도가 아닌 견고함을 위한 것이어야 해요. 서둘러 앞으로 나아가는 것보다 각 단계에서 충분한 이해와 숙달의 시간을 가지는 것, 그것이 결국 수학 공부에서 승리하는 비결입니다.

그러므로 학원의 커리큘럼과 학습 과정, 우리 아이의 소화 정도 등 종합적으로 선행 학습이 '잘 진행되고 있는지'를 학부모님이 면밀히 관찰할 필요가 있습니다. 아이의 수학 선행 학습을 그저 학원에 맡겨만 놓는다면 짧지 않은 시간에 아이의 수학은 망가질 대로 망가지고, 시간 낭비, 에너지 낭비, 돈 낭비를 경험하게 될 겁니다. 물론 그 사실을 알게 된 때는 고등학교에 입학한 후, 후회해도 너무 늦은 때일 거고요.

여기까지 따라오신 분이라면 당연히 이런 의문이 드실 겁니다.

'현실적으로 선행 학습이 필요하며 가짜 선행 학습을 경계해야 한다고 했다. 그렇다면 언제부터 어떻게 선행 학습을 해야 한다는 거지?'

수학 진짜 잘하는 법을 알려줄게요.

...

현실적이고 튼튼한 선행 학습을 위한 준비 단계

본격적인 선행 학습 로드맵을 논하기에 앞서 '예습'과 '선행 학습'의 구분이 필요합니다. '예습(豫習)'과 '선행(先行) 학습'은 말 그대로 미리 익히고 (학습을) 행하는 것입니다. 거의 비슷한 뜻을 가지고 있지만 수학 학습에서는 '목적'과 '깊이'에서 차이가 있어요.

예습과 선행은 목적과 깊이가 다릅니다

우선 **예습**은 **'학교 수업'에 참여하기에 앞서 배울 내용을 미리 살피면서 수업을 '잘 듣기 위해 준비하는 것'**입니다. 새롭고 어려운 개념에 낯설지 않도록 용어 등을 미리 살펴보는 차원이죠. 아이에 따라서 몰입을 위해 이 예습 과정이 절대적으로 필요한 경우도 있고, 호기심을 빼앗아서 시시하다고 느낄 수도 있기 때문에 불필요할 수도 있습니다. 다만 학습 지도 측면에서 '오늘 무엇을 배울지'를 먼저 살펴보는 것은 '점화 효과*'의 측면에서 권장

할 만합니다. 교과서를 펼쳐서 학습 목표(제목, 성취 기준)를 읽어 보고, 모르는 용어를 사전이나 인터넷에서 찾아보면서 이해가 잘 안되는 부분을 체크해 둔 상태로 수업을 듣는다면 수업 내용이 낯설지 않기 때문에 이해가 더 잘됩니다. 또한 수업을 듣고 난 후에, 미리 체크해 두었던 '이해가 안 가는 부분'의 답과 학습 목표의 답을 스스로 찾을 수 있다면 예습의 효과를 톡톡히 거두는 것이죠.

예습은 초등 저학년 때부터 하기를 권장합니다. 올바른 학습 태도와 습관을 길러주는 것이 이 시기의 아이에게 가장 중요하기 때문이에요. '예습하는 습관'이 수학은 물론이고 전 과목 학습의 중요 학습법으로 자리 잡는다면 이후의 학습 과정은 보호자의 도움이 거의 필요하지 않을 수도 있습니다.

선행 학습의 목적은 예습보다는 더 실질적입니다. **학습의 깊이를 더 견고하게 쌓기 위한 과정**이라고 생각하시면 돼요. 그래서 교과서를 읽는 수준을 넘어서 개념서를 공부하는 것은 물론이고 최소 응용 단계의 문제집까지 풀어야 합니다. 그리고 학교 수업

• 점화 효과(priming effect)란, 이전 경험이 이후의 학습이나 행동에 영향을 미치는 현상을 말합니다.

수학 진짜 잘하는 법을 알려줄게요.

을 들으며 개념을 정리하고 학기 중에는 심화 문제집을 풀며 학습의 깊이를 더해야 해요.

다만, 경계할 것은 선행 학습을 했다고 해서 절대로 '학교 수업'을 쉽게 생각해서는 안 된다는 것입니다. 수업을 잘 듣는다는 것은 그만큼 공부를 효율적으로 한다는 뜻이에요. (초등 기준으로) 40분 수업의 90%를 이해하고 집중한 아이가 있고, 단지 30%만 집중한 아이가 있다고 할 때, 두 아이가 수학 공부에 할애한 시간의 차이는 초중고 12년, 아니 초등 고학년부터 고 3까지 8년만 따져봐도 엄청납니다. 하루 중 가장 긴 시간을 학교에서 보내야 하는 아이들이 수업 시간에 제대로 집중하지 못한다면 그 시간은 그냥 버리는 것이니까요. 특히 고등부터는 내신 시험의 주도권을 각 교과의 선생님이 쥐고 계시다는 것에 주목하여 매 수업 시간마다 최선을 다해 임해야 합니다.

선행 학습은 초 3부터 시작해도 충분합니다. 초 2 겨울방학 때는 일단 3학년 1학기 과정을 예습 단계보다 조금 더 깊이 있게 다루는 것부터 시작하세요. 그리고 조금씩 속도를 올려 초등학교 졸업할 때까지 1년 정도의 선행 학습 속도를 유지할 수 있도록 학습 시간을 잘 분배해 주시는 겁니다.

저는 '**내실 있는 1년 선행 학습**'을 가장 **추천**합니다. 그런데 이 1년 선행 학습에 대해 아이 학년에 따라 학부모님의 반응이 조금씩 다릅니다. 초등까지는 '1년은 너무 짧은데? 더 할 수도 있다.'라는 생각이 지배적이고요. 중등부터는 '그 정도는 가능하다.', 고등부터는 '생각보다 쉽지 않다.'라는 생각이 많습니다. 가장 큰 이유가 바로, 앞에서도 언급한 '학습량' 때문입니다.

무엇보다 초등학교 때는 학기 중에 내신 시험이 없기 때문에 내신 대비를 위해 따로 시간을 할애할 필요가 없습니다. 즉, 마음만 먹으면 1년은 물론이고 2~3년도 충분히 진도를 나갈 수 있죠. 가정에서 초등 선행 학습 진도를 쭉쭉 뺄 때, 학습 도구는 '문제집' 하나만 사용하는 경우가 많습니다. 쉬운 문제집 → 조금 어려운 문제집 → 조금 더 어려운 문제집 → 심화 문제집 순으로 적게는 2~3권, 많게는 5권까지 그냥 계속 문제집만 풀게 하는 거예요. 매일 하루 3~4장씩 풀도록 학습을 시키면 관성으로 그냥 갑니다. 그러다 보면 어느 순간에는 공부량에 비해 시간이 남는 경우가 생깁니다. 그래서 '더 빨리 더 많은 것을 할 수 있다'는 생각을 하게 되는 겁니다.

하지만 이때 여러분이 어떤 선택을 하느냐에 따라 수학은 물론이고 다른 과목도 앞날이 결정됩니다. 저는 수학 선생님이지

수학 진짜 잘하는 법을 알려줄게요.

만 초등 때 수학에 올인하는 것을 권하지 않습니다. 특히 아이가 초등 저학년 내지 중학년이라면 더더욱요. 그보다는 독서나 다른 과목, 또는 예체능에서 여러 경험을 하도록 노출시켜 주는 것이 낫습니다. 수학은 최대 1년만, 시간이 많이 남는다면 깊이를 더하는 방향으로 선행 학습 계획을 세워주시기 바랍니다.

선행 학습을 해야 하는 아이는 이런 아이입니다

초등부터 고등까지 수많은 아이가 수학 학원에 가게 되는 가장 큰 이유는 '선행 학습' 때문입니다. 당장 눈앞에 불 떨어진 '내신'을 위해서 학원에 가는 경우도 있지만 중기적으로 '지금 배우는 것보다 어려운 것'을 혼자 하기 힘들어할 때 학원행을 결정하는 경우가 많죠.

수학 학습은 방향성, 방법, 도구라는 3가지 무기가 갖추어져야 효율을 높이면서도 기초부터 단단히 다져나갈 수 있는데요, 선행 학습 측면에서 학원은, 선행 학습의 방향성과 방법을 일러주는 곳입니다. 그런데 학원에서의 선행 학습이 제대로 진행되는지는 사실 들여다보지 않으면 쉽게 파악하기가 어렵습니다. 현행, 곧 지금 학교에서 배우고 있는 내용을 잘 가르치고 아이도 잘 소화하는지를 파악하는 것은 당장의 내신 시험 결과로 확인이 가능하지만 선행 학습은 해당 학년이 올 때까지 잘 알 수가 없습니다. 물론 단원을 마칠 때마다, 과정을 마칠 때마다 자체 시험을 보는 경우가 있긴 하지만 (그마저도 하지 않는 곳이 많지만) 그 시험은 다분히 의도가 숨겨진 시험이기 때문에 맹신해서는 안 됩니다. '배운 것, 배운 수준'으로만 문제를 내는 시험이기 때문에 고득점을 받았다고 해도 실제 몇 년 후 학교 시험에서 좋은 성적을 내지 못하는 경우가 많아요. 앞서 소개한 A의 경우가 바로 그렇게 몇 년을 낭비한 사례입니다.

솔직히 빠른 선행 학습이 필요한 아이는 **1) 뚜렷한 목표가 있는 아이**, 예컨대 특목고나 자사고, 일반고 최상위권을 노리는 경우 **2) 지금까지 수학 실력을 착실히 쌓아 왔기에 앞으로 배울 내용도 충분히 잘 받아들일 수 있는 상태의 아이**입니다. 하지만 실제로는 수학을 포기하지 않은 상태의 거의 모든 아이가 선행 학습을 하고 있는 것이 현실이죠.

중 2 수학을 배우고 있다는 초등 5학년이, 제 학년인 5학년 수학 문제를 못 푸는 웃지 못할 사례가 실제로 정말 많습니다. 이

수학 진짜 잘하는 법을 알려줄게요.

는 모두 '무조건 선행 학습을 해야 한다', '빠르면 빠를수록 좋다'는 잘못된 인식에서 비롯된 것이에요. 실력에 따라 시작하는 시점도, 선행 학습을 해야 하는 부분도 다르다는 것을 아셔야 합니다.

그렇다면 어떤 아이가 선행 학습을 해야 하는 아이일까요?

선행 학습을 시작하려면 몇 가지 조건을 갖춰야 합니다.

첫째, **'안정적인 실력을 갖춘 상태'**여야 해요. 중고등 때는 내신 시험에서 안정적인 B(80점) 이상의 점수를 받는 경우이고요. 초등 때는 공식적인 시험이 없으므로 지금 풀고 있는 문제집에서 페이지마다 실력이 들쑥날쑥하지 않고 고른 정답률(80~85%)을 보이는 경우입니다.

둘째, **시간적인 여유가 있어야** 해요. 앞에서 선행 학습은 최소 응용 단계까지는 학습해야 한다고 말씀드렸죠. 그러려면 겉만 훑는 학습을 해서는 안 됩니다. 다시 말해 충분한 시간을 들여야 하는데요, 처음 학습하는 과정이기 때문에 같은 양을 공부하더라도 지금보다 더 많은 시간이 필요합니다. 그러려면 현재 수학 공부 시간을 쪼개서 할 것이 아니라 전념을 다해 '선행 공부' 할 시간을 확보해야 해요. 왜냐하면 없는 시간을 쪼개서 선행 학습을 하는 순간부터 현행 학습이나 선행 학습, 둘 다 절대적으로 시간이 부족해지기 때문입니다. 수학 선행 학습을 결심했다면 다른 과목 공부 시간을 줄여서 선행/현행 학습을 병행하거나 둘 중 하나에만 집중할 수 있도록 스케줄을 짜야 합니다.

셋째, **아이 스스로 선행 학습에 대한 의지가 있어야** 합니다. 거창하게 '선행 학습을 하겠다'는 생각은 아니어도 됩니다. 다만 학교에서 배우지 않는 새로운 것을 미리 공부한다는 것을 알고 있고, 해보겠다는 의지가 있는 상태여야 한다는 거죠. 복잡하게 생각하실 것 없어요. 새로운 걸 배우기 좋아하거나 지금 수학 공부가 재미있어서 더 하고 싶어 하거나 또는 주변 친구에게서 긍정적인 자극을 받아서 '나도 하고 싶다' 또는 '해야겠다'고 말하기 시작할 때입니다. 어떤 이유에서건 아이도 선행 학습을 동의할 때, 그때 선행 학습을 시작해야 합니다.

그러니 이 책을 읽고 계신 여러분은 최소한 지금 우리 아이가 선행 학습을 시작할 수 있는지, 한다면 어떤 속도로 하는 게 적절한지, 어떤 목표를 향해 어떤 방법으로 무엇을 공부해야 하는지, 큰 그림을 그린 상태에서 선행 학습을 시키셔야 합니다. 대책 없이 선행 열차에 올라타는 순간부터 그 열차는 정차하기 어

수학 진짜 잘하는 법을 알려줄게요.

려워지고 지나친 역으로 다시 되돌아갈 수도 없게 됩니다. (사실 갈 수도 있고 멈출 수도 있지만 그러면 안 된다는 생각에 사로잡혀서 앞으로 나가기만 하면서 되돌아올 수 없는 선택을 하는 것이지만요.)

・ ・ ・

선행 학습보다
심화 학습에 목숨을 걸어야 하는 이유 3가지

"선생님, 선행 학습과 심화 학습 중
어느 것에 더 중점을 두어야 할까요?"

수학교육 강연을 할 때마다 가장 많이 받는 질문입니다. 학부모님들 사이에서 이 두 가지는 마치 양자택일의 문제처럼 여겨지고 있더군요. 선행 학습에 집중하면 심화 학습을 할 시간이 부족하고 심화 학습을 하다 보면 선행 학습의 진도가 더디게 나간다고요. 하지만 **실제로 선행 학습과 심화 학습의 관계는 '이것 아니면 저것'의 문제가 아닙니다. 선행 학습과 심화 학습은 함께 가야 하는 수학 학습의 두 바퀴**와 같아요. 앞에서도 말했듯이 너무 빠른 선행 학습을 목표로 하지만 않는다면 우리는 이 둘 모두를 아우르는 효과적인 학습 전략을 세울 수 있습니다. 단, 선행 학습보다 심화 학습이 더 우선되어야 한다는 것만 기억하시면 됩니다.

수학 진짜 잘하는 법을 알려줄게요.

심화 학습은 현재 배우는 개념을 다각도로 이해하고 응용하여 풀 수 있는 문제의 난도를 높이는 과정입니다. 6학년 아이가 비율 개념을 배운다고 할 때, 단순히 교과서의 문제를 푸는 것에서 나아가 비율이 사용되는 여러 맥락을 탐구하며, 때로는 창의적인 문제 해결 방법을 고민해 보는 것이죠. 문제집 수준으로 조금 와닿게 설명해 보자면 보통 정도의 실력을 갖춘 아이라고 할 때, 응용 ⇨ 유형 문제를 거쳐 준심화 ⇨ 심화 (보통 디딤돌 최상위 수학으로 대변되지요.) 수준까지 이르는 것입니다. 하지만 이것도 아이의 현 상황에 따라 '심화' 수준의 정의가 달라질 수 있어요. 정확한 '**심화**'의 개념은 '**나의 현재 수준보다 1~2 단계 높은 수준**'이라고 할 수 있습니다.

선행 학습보다 심화 학습에 목숨을 걸어야 하는 첫 번째 이유는, **고등학교 수학은 물론이고 최근에는 중학교 시험문제까지 단순한 계산, 공식 적용 문제를 넘어서 깊이 있는 사고력을 요하는 문항이 많이 출제되고 있기 때문**입니다. 기존에는 최상위권을 가르기 위해 심화 문제 한두 개를 출제했었습니다. 그런데 심화 문제를 처음부터 포기하는 아이들이 있다 보니 준심화 문제 여러 개, 신유형 문제 여러 개를 출제함으로써 최상위권뿐만 아니라 상위권 아이들도 변별하게 되었죠. 이는 일정 수준 이상의 심화 학습을 해야 하는 아이가 더 많아졌다는 것을 의미합니다. 또한 예전에 비해, 공식만 알면 풀 수 있는 문제 위주가 아니라 '사고력'을 요하는 문제(신유형, 문장제, 서·논술형)가 많아짐으로써 전체적으로 수학 문제 출제 수준이 향상되었다고도 볼 수 있습니다.

요즘의 수학 학습은 누구보다 빨리 고등 수학 선행 학습을 시작하기 위해 초중등 수학을 희생시키는 방향으로 진행되는 경향이 있습니다. **특히 초등 수학은 내용도 쉽고 배울 내용도 많지 않다며 가능하면 빨리 끝내고 중등 수학부터 순차적으로 선행 학습 코스를 밟으라고 부추기죠. 하지만 수학은 그렇게 공부하면 절대로 안 되는 과목**입니다. 이게 바로 두번째 이유예요. 수학은 누적 심화 학습을 하는 것이 그 어떤 과목보다 중요합니다. 중 1, 고 1 등 전환기 학년일 때, 아이들은 갑자기 너무 어려워졌다고 느끼는 경우가 많은데요, 그래서 초등 과정 한 학기를 2~3개월에 끝냈던 아이도 중 1 과정은 4~5개월이나 걸려 공부하는데도 어려워한다는 학부모님들의 고민 글을 교육 카페에서 심심치 않게 볼 수 있습니다.

수학 진짜 잘하는 법을 알려줄게요.

물론 중고등학교로 갈수록 성취 기준이나 새롭게 배워야 할 개념과 용어의 개수가 늘어납니다. 하지만 수학 과목은 나선형으로 구성되어 있어요. 중등 수학은 초등 수학의 연장이기 때문에 제 학년 개념을 제대로 익혀왔다면 추가된 내용이 그렇게 많지도 않고 크게 어렵지 않습니다. 다시 말해 중 1, 고 1 수학이 어렵다고 말하는 아이들은 대부분 제 학년의 심화 학습이 되지 않은 상태에서 선행 학습을 밀어붙인 결과라고 할 수 있죠.

　　제 경험상 선행 학습의 시작 시기가 다소 늦어도 제 학년의 심화 과정을 잘 밟고 온 아이는, 먼저 선행 학습을 시작했지만 심화 학습을 제대로 하지 않은 아이보다 중 1이나 고 1 과정을 수월하게 보냈습니다. 수학 개념이라는 것이 각각을 개별적인 것으로 바라보면 고등으로 올라갈수록 공부해야 하는 양이 기하급수적으로 늘어나고 어렵지만 누적 심화의 관점으로 본다면 결국 몇몇 개념의 확장판으로 보아도 되기 때문이에요. 즉, 중등 수학이 갑자기 어려워지는 것이 아니라 초등 과정의 수학 결손이 쌓인 데다가 그나마 아는 개념들도 따로따로 익혔기 때문에 실력이 부족한 아이는 더 어렵게 느끼는 것입니다.

선행 학습보다 심화 학습에 목숨을 걸어야 하는 마지막 세 번째 이유는 바로 **현재 학년의 개념만을 이용하여 문제를 해결하는 과정에서 '수학적 사고력'이 형성되기 때문**입니다. 선행 학습으로 심화 학습을 대체하려고 하면 이러한 필수적인 사고 과정을 건너뛰게 됩니다. 이는 장기적으로 수학 실력의 발전을 저해하는 결과를 가져와요. 오히려 심화 학습을 충실히 한 학생이 상급 학년에서 새로운 공식을 배울 때 그 원리를 더 깊이 이해할 수 있습니다. 더 나아가 공식을 잊어버렸을 때도 기본 개념들을 이용해 스스로 그 공식을 유도해낼 수 있는 능력까지 갖게 되죠. 이것이 바로 심화 학습의 진정한 가치입니다.

그렇다면 심화의 관점에서 선행 학습은 불필요한 것일까요? 그렇지 않습니다. **선행 학습의 진정한 목적은 학기 중에 수업에 더 집중할 수 있게 도와주고 심화 학습에 충분한 시간을 할애할 수 있도록 여유를 만들어주는 것**입니다. 즉, 선행 학습은 심화 학습을 위한 시간적 여유를 확보하는 수단이면서 수학 자신감을 이끌어갈 수 있는 학습법이지, 심화 학습을 대체하는 것은 아니라는 말입니다.

결국 중요한 것은 균형입니다. 적절한 선행 학습으로 시간적 여유를 확보하되, 그 시간을 활용하여 현재 학년의 개념을 깊이 있게 이해하고 다양한 문제를 해결하는 경험을 쌓는 것, 이것이 진정한 수학적 사고력을 키우는 올바른 방향입니다.

수학 심화 학습은 이렇게 해야 합니다

그렇다면 어떻게 심화 학습을 해야 할까요?

많은 학부모님이 '심화'라고 하면 소위 《디딤돌 최상위 수학》과 같은 어려운 문제집을 푸는 것이라고 생각하시는데요, 진정한 심화 학습은 그것과는 조금 다릅니다.

일단 문제집 수준으로 따져 보자면, 앞서 언급했듯이 **아이의 현재 상황보다 1~2단계 높은 수준부터를 모두 '심화 학습'**이라고 봐야 합니다. 심화 학습이 머나먼 목표가 아니라 지금 내 눈높이보다 한 칸만 더 높이 있는 것이죠. 어떻게 보면 이렇게 사소한 차이가 있을 뿐이라는 생각이 아이의 부담을 확 줄여줄 수 있습니다. 그리고 '어라? 나도 하니까 되네? 나도 심화 문제를 풀었네?!'라는 아이의 근거 '있는' 자신감이 더 커질 수 있는 힘이 됩니다. 그러다 결국 모두가 인정하는 《디딤돌 최상위 수학》도 풀 수 있는 아이가 되는 거고요.

그리고 여기에 덧붙이자면 진정한 심화 학습의 첫 단계는 **문제집 풀이가 아니라 '왜?'라는 질문에서 시작**되어야 합니다. 예를 들어 원의 넓이 공식을 배울 때, 단순히 '반지름 x 반지름 x 3.14'라는 공식을 외우는 데 그치는 것이 아니라 이 공식이 왜 이렇게 되는지, 어떤 과정을 통해 이 공식이 만들어졌는지를 이해해야 하는 것입니다. 이런 이해는 나중에 더 어려운 개념을 배울 때 단단한 기초가 됩니다.

두 번째는 **개념 간의 연결을 할 수 있어야** 합니다. 수학의 모든 개념은 서로 긴밀하게 연결되어 있습니다. 분수를 비율 개념과 연결 짓고, 이를 다시 함수나 미분으로까지 확장하는 것, 이것 이 바로 심화 학습의 핵심이에요. 이렇게 개념들을 연결 지어 이해한 학생은 새로운 문제를 만나도 당황하지 않고 해결 방법을 찾아낼 수 있습니다. 개념 연결의 가장 대표적인 예는 사칙연산의 원리가 초중고를 거치며 다양한 수 체계 안에서 확장되는 겁니다. 위의 QR코드를 통해 내려받을 수 있는 〈2022 개정 교육과정 수학 연관 단원 맵〉은 부족한 구멍을 찾아서 거슬러 내려가는 후행 학습은 물론이고 앞으로 나아갈 선행 학습의 측면에서도 꼭 참고해야 할 자료입니다.

세 번째는 **다양한 관점에서의 접근**입니다. 같은 개념이라도 여러 가지 방법으로 이해하고 표현할 수 있습니다. 예를 들어 이차함수를 배울 때, 대수적으로 식을 다루는 것은 물론이고 그래프로 시각화하는 것, 이런 다각도의 접근은 깊이 있는 이해를 가능하게 합니다. 또 이렇게 익힌 심화 역량은 낯선 유형의 문제를 해결할 때도 큰 힘을 발휘합니다.

이런 심화 학습이 제대로 이루어진다면 선행 학습은 자연스럽게 그 속도를 찾아갑니다. 심화 학습을 제대로 한 학생은 상위 개념을 만났을 때 훨씬 빠르게 내용을 습득할 수 있기 때문입니다. 고 3까지 1년 선행 학습을 목표로 하라는 말씀을 드렸죠? 고등으로 올라갈수록 학습량과 체감 난도가 높아져서 같은 기간에 1년 선행 학습을 유지하는 것이 어려워질 수 있는데 이 **개념 연결 학습은 그 시간을 효과적으로 줄이는 비법**이 될 겁니다.

수학 진짜 잘하는 법을 알려줄게요.

계속 강조하지만, 결국 수학 공부의 성공은 '얼마나 앞서 나갔느냐'가 아니라 '얼마나 깊이 이해했느냐'에 달려 있습니다. 지금 당장은 선행 학습만 한 아이가 더 앞서 나가는 것처럼 보일 수 있지만 진정한 승부는 고등학교에서 그리고 대학 입시에서 갈리게 됩니다. 그때 빛을 발하는 것이 탄탄한 기본기와 깊이 있는 이해예요. 특히 초등학교에서 중학교로, 중학교에서 고등학교로 넘어가는 과정에서의 이러한 접근은 더욱 중요합니다.

수학은 마라톤과 같습니다. 출발선에서 조금 앞서 있다고 해서 결승선에서 반드시 승리하는 것은 아닙니다. 오히려 자신만의 페이스로 하지만 한 걸음 한 걸음 단단하게 밟아가며 달리는 사람이 결국 완주에 성공하게 되죠. 우리 아이들의 수학 여정도 그래야 하지 않을까요?

2장

초등부터 고 1까지
현실적인 수학 학습 로드맵

· · ·

초등 1학년: 수 감각의 기초를 다지는 때

1학년 수학, 약점 살펴보기

▶1학년 너무 쉬워서 실수가 많은 시기

- · 양감 익히기
- · 불분명한 덧셈과 뺄셈 표현
- · 다양한 비교의 표현
- · 낯선 시각의 개념

영역	내용	체감난이도
수와 연산	- 100까지의 수 - 간단한 실생활 속 덧셈과 뺄셈 - 두 자리 수의 덧셈과 뺄셈	★★★ ★★ ★★★★★
변화와 관계	- 규칙적인 배열에서 규칙 찾기 - 자신이 정한 규칙에 맞게 배열하기	★★★ ★★★★
도형과 측정	- 입체도형의 모양 - 평면도형의 모양 - 구체물의 양 (길이,무게,넓이,들이) 비교 - 시각을 '시'와 '분'으로 읽기	★★ ★★ ★★ ★★★

　　초등학교 1학년 수학은 매우 쉽고 느린 진도로 진행되며 '직접 만지고 조작하는 학습'이 중심이 됩니다. 교과 내용이 쉽다 보니 미취학 때부터 이어온 엄마표 학습으로 충분히 커버할 수 있다고 생각하는 학부모님이 많죠.

　　하지만 9까지의 숫자 세기를 넘어 덧셈과 뺄셈의 원리를 배우기 시작하면서 아이들 사이의 편차가 드러나기 시작합니다. 초1은 '수와 연산' 영역 중심으로 단원이 구성되어 있기 때문에 수 체계에 대한 탄탄한 이해와 수 감각을 익히는 것이 매우 중요한데요, 이러한 수학적 감각은 타고난 재능의 영향도 있지만 미취학기부터의 '경험과 노출' 정도에 따라 큰 차이를 보입니다.

수학 진짜 잘하는 법을 알려줄게요.

Choice1. 수학 경험과 노출

　수학을 배우는 것은 결국 '추상화'의 여정입니다. '3+2=5'라는 단순한 식도 사실은 오랜 시간 인류가 쌓아온 추상적 사고의 결정체예요. 구체적인 사과 세 개에 두 개를 더했을 때 다섯 개가 된다는 현실의 경험이 어떤 구체물에든 똑같이 적용되는 추상적 개념으로 발전한 것이죠.

　수학을 처음 접하는 초등 저학년 시기 아이들도 이와 같은 과정을 거쳐야 합니다. 처음에는 실제 물건을 만지고 세어보는 구체적 경험으로 시작해서 그다음에는 그림이나 도형으로 표현된 반구체물 단계를 거쳐, 마지막으로 숫자와 수식이라는 완전한 추상의 단계에 도달하도록이요. 실제로 1학년 교과서를 보면 모양, 수, 카드, 붙임 딱지 등의 꾸러미가 타 학년에 비해 다양하게 포함되어 있으면서 각 단원의 앞부분은 구체물을 통한 도입부로 구성되어 있습니다.

(출처: 초등 수학 1-2 교과서, 교육부)

　　초등 저학년 시기에는 '직접 해보는 경험'이 가장 중요하기 때문입니다. 바둑알을 세어보고 연결 큐브도 연결해 보고, 주변에서 특정 모양도 찾아보고, 온몸으로 도형의 모양을 표현해 보는 등 수학과 관련된 이러한 구체적인 활동은 단순한 놀이가 아니예요. 이미 아이의 수학 학습을 문제집으로만 시키고 계신 분들이 볼 때는 다소 불필요하다(?) 쓸데없다(?)고 생각할 수 있지만, 이것은 추상적인 수학 개념을 이해하기 위한 필수적인 기초 단계입니다. 이런 경험이 부족한 아이는 나중에 추상적 개념을 이해하는 데 어려움을 겪을 수 있어요. 그래서 이 시기에는 수학

수학 진짜 잘하는 법을 알려줄게요.

과 관련된 다양한 경험을 할 수 있는 흥미로운 놀이와 교구를 활용한 학습이 큰 도움이 됩니다.

예를 들어, 1부터 9까지의 숫자를 배운 아이와 함께 3x3 빙고 놀이를 할 수 있습니다. 3x3 놀이판(총 9칸을 흰 종이에 그려서 해도 좋아요)과 1~9까지의 숫자 카드를 가지고 수를 세고 순서를 알아보는 놀이로 학습을 할 수도 있어요.

다음은 초등 1학년 과정의 단원별 추천 '수학 놀이'를 정리해 놓은 것인데요, 아이와 함께 즐겁게 수학 놀이를 하면서 만지고 체험하는 수학을 통해 수학을 좀 더 친근하게 느끼고 흥미를 가질 수 있도록 지도해 주시기 바랍니다.

단원	놀이	준비물	놀이 방법
9까지의 수	수 세기 놀이 (베스킨 라빈스 9)	셀 수 있는 구체물 9개	① 바닥에 바둑돌 9개를 내려 놓습니다. ② 놀이 순서를 정하세요. ③ 한 사람씩 번갈아 가며 숫자를 얘기하면서 최대 2개까지 바둑돌을 가져갑니다. ④ 마지막 바둑돌을 가져가는 사람이 집니다.
여러가지 모양	모양 맞히기 놀이	모양의 물건, 물감, 붓, 종이	① 참가자들은 모양의 물건을 하나씩 준비합니다. ② 모양의 물건에 번갈아 가며 물감을 칠합니다. ③ 돌아가며 종이에 모양의 물건에 색을 칠한 부분을 찍습니다. ④ 물감이 찍힌 종이만 보고 어떤 모양의 물건인지 맞힙니다. ⑤ 가장 많은 정답을 맞힌 사람이 승자입니다.

수학 진짜 잘하는 법을 알려줄게요.

덧셈과 뺄셈	바둑돌 가르기 놀이	바둑돌 9개, 1~9가 적힌 수 카드	① 술래가 모두 눈을 감고 있는 사이 9개의 바둑돌 중 원하는 개수의 바둑돌을 숨깁니다. ② 나머지 사람들은 남은 바둑돌의 개수만을 보고, 숫자 카드에서 답을 찾습니다. ③ 가장 빨리 숫자를 찾아 외치는 사람이 승자입니다. ④ 돌아가며 진행합니다.
비교하기	비교하는 말 하기	여러 가지 물건	① 일단 5분동안 집 안 물건을 3개씩 가져옵니다. ② 순서를 정해서 가장 첫 사람이 물건을 보여주면, 다음 사람은 자신의 물건을 보여주며 비교하는 말을 외쳐야 합니다. (예: 첫 사람이 가져온 물건이 책이라면, 두 번째 사람은 자신의 물건인 리모컨을 내밀며 "리모컨은 책보다 더 가볍다"라고 말합니다.) ③ 마지막 사람이 가져온 물건에 비교의 말을 하면, 다음 사람은 즉흥적으로 새 물건을 가져와 말을 이어갑니다. ④ 더 이상 말을 잇지 못하는 사람이 집니다.

50까지의 수	바둑돌 빨리 놓기 놀이	바둑판, 바둑돌	① 숫자를 불러주는 술래를 정합니다. ② 나머지 사람들은 술래가 불러주는 50이하의 숫자에 맞게 바둑판 위에 바둑돌을 놓습니다. (하나의 바둑판을 참가자 모두에게 똑같은 개수의 칸으로 나눕니다.) ③ 가장 빨리 자신의 바둑판 공간을 가득 채워 놓는 사람이 끝이라고 손을 들며 외치면 이깁니다.
100까지의 수	숫자 만들기 놀이	연결 큐브 99개	① 두 사람이 가위바위보를 하여 처음 이긴 사람이 50~99 사이의 숫자 하나를 정합니다. ② 두 사람이 가위바위보를 하여, 가위로 이기면 10개, 바위로 이기면 5개, 보로 이기면 3개의 연결 큐브를 가져옵니다. ③ 가지고 온 연결 큐브가 10개가 되면 10개씩 묶음으로 두고, 나머지는 낱개로 둡니다. ④ 처음에 정한 숫자에 가장 먼저 도달한 사람은 손을 들고 숫자를 정확하게 외칩니다. 그 사람이 이깁니다.
덧셈과 뺄셈	덧셈식 만들기	1~5가 적힌 숫자 카드	① 두 사람이 가위바위보를 하여 순서를 정합니다. ② 이긴 사람이 뒤집어져 있는 5개의 숫자 카드 중 4개를 먼저 뽑습니다. ③ 뽑은 4개의 숫자 카드로 2자리 수를 2개 만들어 그 두 숫자를 더합니다. ④ 카드를 원래대로 뒤집어 놓고 다음 순서의 사람도 4개의 카드를 뽑아 만든 2자리의 숫자 2개를 더합니다. ⑤ 덧셈의 결과값이 더 큰 사람이 이깁니다.

수학 진짜 잘하는 법을 알려줄게요.

모양과 시각	시계 놀이	모형 시계 또는 시계	① 게임을 하는 2명은 각자 시계를 3시로 맞추어 놓습니다. ② 가위바위보를 해서 가위로 이긴 사람은 시침을 2바퀴, 바위로 이긴 사람은 1바퀴, 보로 이긴 사람은 반 바퀴 돌립니다. ③ 돌리고 나서 항상 몇 시, 또는 몇 시 30분인지 외칩니다. ④ 먼저 처음의 3시 정각에 도착하는 사람이 이깁니다.
규칙 찾기	규칙에 따라 무늬 그리기	색연필, 종이	① 5x5, 총 25칸을 종이에 그립니다. ② 한 사람씩 순서대로 칸에 무늬를 그립니다. ③ 자신의 순서마다 같은 무늬를 그립니다. ④ 25칸을 다 채우면 칸 속 무늬가 이어지는지 확인합니다.
덧셈과 뺄셈	숫자 빙고 놀이	종이, 펜	① 3x3 빙고판을 종이에 그립니다. ② 1~9까지의 숫자를 무작위로 적습니다. ③ 번갈아 가면서 1~9까지의 숫자 중 하나를 고릅니다. ④ 11~19까지 순서대로 그 수에서 앞서 고른 1자리 숫자를 뺍니다. (예: 1번째 순서에 8을 불렀다면: 11-8=3, 2번째 순서에 3을 불렀다면: 12-3=9) ⑤ 뺀 결과를 빙고판에서 지웁니다. ⑥ 빙고판을 X자로 먼저 지우면 이깁니다.

학부모님 중에는 초등 자녀의 수학 학습을 위해서 구체적인 교구를 활용해 보고 싶은 분이 계실 겁니다. 최근에는 포털사이트나 유튜브 등을 검색해 봐도 주변의 사물로 간단한 교구를 직접 만들고 활용하는 방법부터 시판 중인 교구의 선택 기준이나 구입처까지 다양한 정보를 얻을 수 있는데요, 하지만 여기서도 몇 가지 주의할 점이 있습니다.

우선, 전집을 사듯이 교구 세트를 일단 사고 보는 것은 추천하지 않습니다. 구입에 앞서 주변에서 친숙한 물건(동전, 바둑알, 공기, 카드 등)을 교구 삼아 활용하다가 기능 면에서 활용성이 좋고 체계적이며 앞으로 한참 활용하겠다는 교구의 필요성이 느껴질 때, 그때 조금씩 가짓수를 늘려 나가세요. 추천하는 교구 리스트는 다음과 같은데요, 우선 각 학년의 영역별 교구를 확인해 주시기 바랍니다. 하지만 꼭 구입하지 않아도 되며 주변에서 대체하여 사용할 만한 것을 찾아서 적절하게 활용하시면 좋겠습니다.

수학 진짜 잘하는 법을 알려줄게요.

학년	구분	영역	교구명
초 1-2	필수	수와 연산	연결 수 모형 *, 수 모형, 숫자 카드 *, 기호 카드, 바둑돌, 수 배열판 *, 덧셈 구구표, 모형 화폐, 산가지, 주사위
		변화와 관계	모양자
		도형과 측정	모양 조각, 도형판, 입체모형세트 *, 평면도형 그림카드, 칠교판 *, 모형 시계, 쌓기나무 *, 모눈종이판
		자료와 가능성	속성 블럭
		기타	양팔저울, 계산기, 줄자
	권장	수와 연산	공깃돌, 점 도미노
초 3-4	필수	수와 연산	수 모형, 분수막대, 분수원판, 모눈판, 모형 화폐, 색막대, 숫자 카드, 기호 카드
		변화와 관계	바둑돌, 계산기
		도형과 측정	도형판, 각도기, 컴퍼스, 모양조각, 모형 시계, 색종이, 삼각자, 눈금 실린더, 계량컵, 자, 전자 저울, 가정용 저울
		기타	모눈종이판
	권장	수와 연산	연산 주사위, 곱셈막대, 분수카드, 소수카드, 소수막대
		변화와 관계	달력, 성냥개비
		도형과 측정	둥근 색종이, 펜토미노 *, 접자

· 표시는 한 번 사두면 잘 사용할 추천 교구입니다.

초 5-6	필수	수와 연산	분수막대, 분수원판, 모양조각, 연결 수모형, 색막대, 모눈종이판, 색종이, 바둑돌, 수 모형, 계산기
		도형과 측정	도형판, 입체도형세트, 입체도형 전개도 세트, 쌓기나무, 삼각자, 어림자, 구름자, 줄자
	권장	수와 연산	숫자 카드
		변화와 관계	둥근 색종이
		도형과 측정	펜토미노
중등	필수	수와 연산	모눈종이판, 스프레트 시트 프로그램, 계산기, 수배열판, 대수막대, 양팔저울
		변화와 관계	그래프 작도 프로그램
		도형과 측정	색종이, 삼각자, 모눈판, 입체도형세트, 도형판, 피타고라스 회전기, 피타고라스 정리 퍼즐, 각도기, 클리노미터
		자료와 가능성	통계 프로그램, 주사위
		기타	구의 겉넓이 실험기, 줄자, 바둑돌
	권장	수와 연산	에라토스테네스의 체 실험판, 쌓기나무, 톱니바퀴, 음수양수활동세트, 황금분할기
		변화와 관계	스트링아트
		도형과 측정	다각형내각합 퍼즐, 다각형외각합 퍼즐, 원넓이 실험기, 도형분할 퍼즐, 부피 천칭, 삼각형 내외심기, 내외심 회전관찰기, 원주각실험기
		기타	화살 돌림판세트

(출처: 수학 수업용 교구 표준안 개발 연구, 한국과학창의재단)

수학 진짜 잘하는 법을 알려줄게요.

Choice2. 수 감각 키우기

　기초 수리력(수 감각)은 초등 1학년 수학에서 꼭 챙겨야 할 중요한 요소 중 하나입니다. 수 감각은 연구자들 사이에서 일부 이견이 있긴 하지만 거의 전부가 후천적으로 길러진다는 데 동의하고 있어요. 많이 경험하고 연습하고 활용해야 습득이 가능하며 영유아기와 초등 저학년 시기를 거치면서 천천히 발달시키기를 권고하죠.

　'수 감각'이란 한마디로 수의 양감을 인식하는 직관적인 감각입니다. 쉽게 말하면 '대소 비교, 길이나 거리의 추측, 덧셈 뺄셈의 개념, 시간의 개념, 뛰어 세기 등을, 생각해서가 아니라 감각적으로 인식하는 정도'예요. "어? 뭔가 이상한데? 아, 저거야!"라는 식의 반응이 바로 그것입니다. '수 감각이 좋다/부족하다'는 정확한 진단을 받지 않아도 아이들을 관찰해 보면 쉽게 알 수 있어요.

　수 세기 단계부터 자릿수가 바뀌는 것을 이해하는 데 답답할 정도로 시간이 많이 걸리거나 형태가 다른 두 수의 표현을 보고 한참을 생각하거나, 눈으로 봐도 알 수 있는 것을 꼭 계산하려고 하는 아이를 보신 적이 있나요? 이런 상황이 되면, '우리 애는 수 감각이 없다'고 자체 판단한 후 '수학을 못할 수도 있겠다'는 결론을 내리기가 쉽죠. 왜냐하면 학부모님도 개선할 방법, 훈련할 방법을 잘 알지 못할뿐더러 학교에서나 학원에서도 개발해 주기 어려운 부분이기 때문입니다.

만약 우리 아이가 수 감각이 좀 부족하다고 생각하시는 초 1 학부모님은 시간을 조금씩 들여 집에서 천천히 훈련을 시작하시면 됩니다. (아, 조금 천천히 가는 2, 3, 4학년도 늦지 않았습니다.) 훈련하는 방법은 위의 QR코드를 통해 '수 감각을 키우는 활동지와 지도안'을 내려받으세요. 수 감각은 비단 초등 저학년에서만 끝나는 것이 아니라 고등까지 꼭 필요한 역량이거든요.

Choice3. 교과 문제집 & 심화 문제집 풀기

직접 손으로 만지고, 경험하는 수학이 중요하다고, 초 1 시기에 '문제집은 하나도 안 풀어도 된다'는 뜻으로 오해해서는 안 됩니다. 초 1 과정에서도 과하지 않은 선에서 '지면(紙面) 학습 습관'은 반드시 필요해요. 다만 문제집 학습이 주가 되어서는 안 된

수학 진짜 잘하는 법을 알려줄게요.

다는 것만 기억하시면 됩니다.

1학년 시기의 문제집은 어디까지나 보완재로서의 역할을 해야 합니다. 체험과 활동 중심의 학습이 우선되어야 하며 이를 통해 얻은 직관적 이해를 문제집을 통해 확인하고 연습하는 방식이 바람직해요.

초 3은 본격적으로 교과 수학 학습을 시작해야 하는 시기여서 문제집을 여러 권 다뤄야 하는데요, 그래서 1, 2학년 때 지면 학습에 익숙해지지 않은 아이는 이 전환기에 큰 어려움을 겪을 수 있습니다. 그러니 늦어도 1학년 2학기부터는 지면 학습을 조금씩 병행하는 것이 좋습니다.

하지만 그렇다고 해서 문제집 풀이를 상대적으로 좋아하고, 좀 더 어려운 문제에 도전할 수 있는 아이에게 문제집 활용을 제한하는 것도 좋은 방법은 아닙니다. 그런 경우에는 아이 수준보다 +1 단계의 심화 문제집 또는 사고력 문제집*인《키즈 팩토》부터 시작해서 목표 수준을 조금씩 높여 가는 것이 좋습니다.

2학년만 넘어서면 아이들도 다 알거든요. 어떤 문제집이 어렵고, 그래서 그 책은 공부하기가 쉽지 않다는 것을요. 게다가 그

• '사고력 수학'과 관련해서는 초등 2학년 로드맵에서 자세히 다룹니다.

때는 아직 '공부를 잘하고 싶다'는 생각보다 '칭찬을 많이 받고 싶다'는 마음이 더 큰 때라서 어려운 문제를 잘 풀 것으로 기대했다가 실망하는 부모님 모습을 보는 것이 싫을 겁니다. 그래서 '못 할 것 같아'를 "하기 싫어."라는 말로 포장하는 초 2 이전이 적기입니다. 초 1은 아직, 그런 생각을 못할 때이기 때문이에요. 게다가 이 시기의 최고난도, 사고력 문제집은 문제의 수준이 엄청 높다기보다 (1부터 100까지 수를 배우는데 수준이 높아 봐야 얼마나 높겠어요?) 문장제로 된 문제 때문에 애를 먹을 가능성이 더 높습니다. 사실 이 부분은 초등 고학년까지 아이들의 발목을 계속 잡을 텐데요. 아직 한글 독해력 수준이 또래 정도라면 초 1 시기 최고난도 수학 문제집은 어렵게 느낄 가능성이 높지만 아이가 수학적 호기심이 있고 한글 문해력이 또래보다 조금 뛰어나다면 심화 문제집 풀이에 한번 '도전'해 보시길 추천합니다.

필수예요!	추천해요!	선택 사항
• 수 감각 키우기 • 교과 문제집	• 수학 놀이 • 교구 활용	• 고난도 문제집, 사고력 문제집 도전

수학 진짜 잘하는 법을 알려줄게요.

· · ·

초등 2학년:
수학적 사고력과 언어의 기초를 다지는 시기

2학년 수학, 약점 살펴보기

▶ 2학년 곱셈에 대한 분명한 개념 파악이 필요한 시기

- 자릿값의 개념 이해
- 자연수 사칙연산(+, -, x)의 미숙함
- 삼각형과 사각형의 직관적 정의
- 시각과 시간의 개념 확장 불안

영역	내용	체감난이도
수와 연산	- 네 자리 수 - 두 자리 수의 덧셈과 뺄셈 (받아올림, 받아내림 포함) - 곱셈의 의미 - 곱셈구구(구구단 외우기)	★★★ ★★★ ★★★★ ★★★★
변화와 관계	- 다양한 변화에서 규칙 찾기 - 자신이 정한 규칙에 따라 배열하기	★★★ ★★★

도형과 측정	- 기본적인 평면도형의 개념 익히기	★★★★
	- cm와 m의 크기 알기	★★
	- 도구를 이용한 물건 길이 재기	★★
	- 측정값을 이해하고 표현하기	★★★
	- 시간과 시각 구분하기	★★★★
	- 여러 가지 시간 단위 알기	★★★★
자료와 가능성	- 간단한 표와 그래프 나타내기	★★★
	- 기준에 따라 분류하고 기준에 따른 결과 말하기	★★

Choice1. 1, 2학년 연산 점검하기

　2학년을 마치기 전, 반드시 1, 2학년 때 배운 기초 연산의 완성도를 점검해 주세요. '가르기와 모으기', '덧셈과 뺄셈의 관계', '10의 보수', '받아올림과 받아내림이 있는 덧셈과 뺄셈', '곱셈구구'의 완전한 숙달, 간단한 암산 능력 등이 이에 해당됩니다. 이 부분의 기초가 부족한 상태로 3학년 과정을 시작하게 되면 가뜩이나 체감 난도가 높은 3학년 수학 학습 과정에서 아이는 어려움을 겪을 수 있습니다.

　2학년까지의 연산 학습이 잘되었는지를 확인하는 방법으로 초등 전 학년의 연산 문제를 무료로 제공하는 〈일일수학(http://

www.11math.co.kr/)〉 사이트를 추천합니다. 다음의 표를 참고하여 개념별 유형 시험지를 출력해서 풀게 하세요. 그때 "왜 그렇게 계산했어?"라고 질문해 주시면 더욱 좋습니다. 아이가 나름대로 연산 원리를 대답할 수 있다면 충분히 익힌 것으로 봐도 되지만 잘 설명하지 못한다면 교과서, 문제집 등 그동안 아이가 풀었던 교재를 함께 찾아봐 주세요. 이 기회에 꼭 짚고 넘어가야 합니다.

(※타 학년 연산 테스트도 '일일수학' 사이트를 활용하면 좋습니다.)

개념	학기/단원	일일수학 유형
가르기와 모으기 덧셈과 뺄셈의 관계	1-1 덧셈과 뺄셈	1) 두 수로 가르기 2) 두 수로 모으기 5) 한 자리 수 덧셈과 뺄셈의 관계 6) 한 자리 수 뺄셈과 덧셈의 관계
10의 보수	1-2 덧셈과 뺄셈(2)	4) 10을 두 수로 가르기 5) 10이 되도록 두 수를 모으기 6) 10이 되는 더하기 7) 10에서 빼기
받아올림과 받아내림이 있는 덧셈과 뺄셈	2-1 덧셈과 뺄셈	13) 몇십 몇+몇십 몇A 14) 몇십 몇+몇십 몇B
곱셈 구구	2-2 곱셈구구	3) 1의 단, 0의 단을 포함한 곱셈구구 6) 곱셈구구에서 □안의 수 찾기C

Choice2. 사고력 수학 경험하기

"사고력 수학을 시켜야 할까요?"

초등 저학년 자녀를 둔 학부모님들이 많이 하시는 질문 중 하나입니다. 특히 사고력 수학 시작의 '마지막 타이밍'이라고 생각되는 초 2가 되면 이 고민은 더욱 깊어지죠. 아직 본격적인 교과 학습이 시작되기 전이라 여유가 있고, 주변에서는 '어릴 때 사고력을 반드시 키워야 한다'는 이야기가 미취학 때부터 끊임없이 들려오기 때문입니다. 하지만 잠깐 생각해 봐야 할 것이 있습니다. **수학이라는 과목은 사실 그 자체가 이미, 사고력을 필요로 하는 과목**이라는 겁니다. 그런데도 이 '사고력 수학'이라는 별도의 영역이 정말 필요할까요?

사실 '사고력 수학'으로 불리는 것은 퍼즐, 게임, 고난도 문장제 등을 통해서 교과 수학보다 조금 더 넓은 범위에서 수학적 사고력을 기르는 훈련을 하는 과정입니다. 이는 분명 의미 있는 학습이 될 수 있어요. 특히 초등 저학년 시기에 수학에 대한 흥미와 자신감 그리고 실력까지 키울 수 있다면 더할 나위 없이 좋겠죠.

수학 진짜 잘하는 법을 알려줄게요.

하지만 이것은 반드시 해야 하거나 사고력 수학 '학원'을 통해서만 배워야 하는 것은 아닙니다. 어릴 때 사고력 수학을 해서 '도움이 되었다 / 전혀 도움이 되지 않았다'는 것은 어차피 결과적인 이야기일 수밖에 없기 때문이에요. 사고력 수학을 한 아이가 수학을 잘한다면 도움이 되었다고 말할 것이고 사고력 수학을 했지만 중고등 수학 성적이 좋지 않은 아이는 전혀 도움이 되지 않았다고 하지 않겠어요? 물론 아이에게 충분한 시간이 있고 아이도 즐거워하며 교육비 부담도 없다면 해도 좋습니다. 해서 나쁠 것은 당연히 없지요. 하지만 아이들에게 좋다는 것을 하나라도 더 시켜 보고 싶은 마음으로, 다른 아이들에게 뒤처질까 봐 불안해서 '해야 할 것 리스트'에 빼곡히 적고 계시는 많은 분들에게 분명히 말씀드릴게요. '사고력 수학'의 커리큘럼을 타는 것은 필수가 아닙니다. 앞서 말씀드렸듯이 수학적 사고력이란 '사고력 수학 문제집'을 통해서만 길러지는 것도 아니고 학원을 통해야만 학습할 수 있는 것은 더더욱 아니니까요.

관심 있게 살펴보면 주변에도 '초등 사고력 수학'이라는 이름을 내건 학원이 있을 겁니다. 유명하고, 아이나 부모님의 만족도가 높으며, 좋은 커리큘럼과 강사진으로 이뤄진 곳도 있겠지만 그렇지 않은 곳도 있어요. 준비되지 않은 일부 학원에서는 교재의 진도 나가기에 급급한 나머지 아이들의 사고력을 키워 주기는 커녕 '사고력 수학 문제'를 푸는 연습만 시키기도 합니다. 여러분의 기대와는 전혀 다른 활동이 이뤄지고 있는 것이죠.

그런 곳에 보내는 것보다는 집에서 지도하시는 것이 훨씬 더 좋습니다. 요즘은 '사고력 수학 문제집'이 너무나 잘 나오고 있어서 가정에서도 지도서를 가지고 아이에게 발문하며 재미있게 문제 풀이를 시도해 볼 수 있어요. 그 대신 짧게 빨리 끝내야 하는 과정으로 인식하기보다는 매일 한 페이지씩 '수학적으로 생각할 시간을 준다'는 목적으로 접근한다면 아이도 여러분도 부담 없이 즐거운 수학 공부를 할 수 있을 거라고 생각합니다. (하지만 아이가 원하지 않는다면? 굳이 안 시키셔도 된다는 것, 다시 한번 강조해요!)

동시에 꼭 기억하셔야 할 것은요. 사고력은 '기초 지식 위에 쌓이는 것'이라는 점입니다. 수학 지식이 별로 없는 상태에서는 창의적인 사고력이 절대 나오지 않아요. 사고력 수학 문제 하나를 풀기 위해서는 교과 수학에 나온 개념에 대한 정확한 이해가 있어야 하고 연산 훈련도 필수적으로 선행되어야 합니다. 사고력 수학이 교과 수학을 대체할 수 있다고 생각하시면 안 돼요. 다음 표는 교과 수학을 어느 정도 소화한 아이에게 추천하는 사고력

수학 진짜 잘하는 법을 알려줄게요.

문제집 커리큘럼입니다. 사고력 수학을 경험하게 해주고 싶으시다면 아이의 상황을 고려하여 참고해 주세요.

아이의 상황	추천 커리큘럼
사고력 수학 경험은 없지만 교구 노출 경험이 있는 경우	《팩토 Lv.1 원리》⇨《영재사고력수학 1031 pre》또는《최상위 사고력 pre》⇨《팩토 Lv.2 원리》
사고력 수학 경험도 없고, 교구 노출 경험도 없는 경우	《키즈 팩토》⇨《팩토 Lv.1 원리》또는《사고력 수학 노크 A》⇨《영재사고력수학 1031 pre》

그렇다면 사고력 수학은 언제까지 지속하면 좋을까요? 많은 분이 시작하는 것도 고민하지만 끝나는 시점에 대해서도 많이 고민하십니다. 현실적으로 3학년 이상이 되면 교과 수학의 중요도가 훨씬 더 높아집니다. 그러니 사고력 수학 학습의 비중을 점점 줄여 가다가 사고력 문제집을 교과 심화 문제집으로 대체하는 것을 추천합니다. 초 3부터 나눗셈, 분수 등 상대적으로 어려운 개념이 등장하기 때문에 교과 외 영역(사고력 수학은 교과 수학을 넘어서는 개념도 나옵니다.)에 너무 많은 시간을 투자하는 것은 오히려 독이 될 수 있거든요. 물론 영재교육원이나 과학고 진학 등을 목표로 한다면 교과 외적인 부분에서 깊이 있는 내용을 다루기도

하므로 체계적인 사고력 수학 학습이 필요할 수도 있습니다. 그런 경우가 아니라면 평소 수학 학습 중에 '생각하는 시간'을 갖는 습관을 만드는 것, 그것만으로도 충분합니다.

Choice3. 수학 문해력 키우기

2학년 시기는 특별히 주목해야 할 부분이 하나 더 있습니다. 바로 '수학 문해력'을 키우기 시작해야 한다는 겁니다. "13+42"과 같이 평소에 잘 풀던 단순한 연산 문제를 문장제 문제로 만들어서 보여 주면, 이에 익숙하지 않은 아이들은 보자마자 '하기 싫다'는 말로 어려움을 표현합니다. 어떤 상황인지 함께 살펴볼게요.

1. 민지는 학용품 가게에서 색연필 13자루를 샀습니다. 다음 날 민지 엄마가 색연필 42자루를 더 사주셨습니다. 민지가 가지고 있는 색연필은 모두 몇 자루인가요?
2. 도서관에서 겨울방학 독서 마라톤 대회를 일주일 동안 진행했습니다. 첫째 날에는 어린이 13명이 참가했고, 둘째

날부터 마지막 날까지는 매일 같은 수의 어린이들이 참가했다고 합니다. 일주일간의 대회가 끝나고 사서 선생님이 둘째 날부터 마지막 날까지 참가한 어린이 수를 모두 합해 보니 42명이었습니다. 첫째 날 참가한 어린이들과 나머지 날에 참가한 어린이들을 모두 합하면 총 몇 명이 이번 겨울방학 독서 마라톤 대회에 참가했을까요?

1, 2번 문제 모두 앞선 예시 문제, "13+42" 문제를 문장제로 바꾼 것입니다. 1번 문제는 그래도 상황이 단순하고 표현도 직접적이라 학교 수업을 잘 들었던 아이라면 어렵지 않게 식을 세우고 답을 낼 수 있어요. 그런데 2번 문제는 어떤가요? 물론 표현하려는 식 자체가 매우 쉽기 때문에 문제를 어렵게 내는 것에 한계가 있었지만, 일단 문제 자체가 많이 깁니다. 긴 글을 읽는 것에 익숙하지 않은 아이라면 일단 보자마자 숨이 턱 막힐거고요. 단순한 연산을 묻는 것인데도 이 상황이 머릿속에 그려지는 정도는 아이마다 다를 겁니다. 만약 우리 아이가 2학년이라면 이런 문제를 보고 잘 풀어낼 수 있을까요?

이 시기 아이들은 (1학년을 잘 보냈다는 전제하에) 기본적인 한

글 어휘력을 갖추고 있기 때문에 수학 교과를 위한 특별한 언어 능력을 추가로 쌓기 시작해야 합니다. 1학년 수학에서도 고난도 문제나 사고력 문제 중에서 전체 길이가 4줄 이상인 문장제 문제가 있었습니다. 그때 만약 아이가 너무 어려워해서 건너뛰었거나 여러분이 상황을 잘 설명해 주면서 함께 풀었다면, 아이가 혼자 힘으로 푼 것은 아니지만, 괜찮습니다. 그때는 괜찮아요. 하지만 초 2부터는 아이가 스스로 문제를 풀 수 있도록 지도하셔야 합니다. 아직은 쉬운 단계이니까 조금만 상황을 인지할 수 있도록 도와주면 조금씩 혼자서도 긴 문제를 읽어낼 수 있어요.

문제는 초 3부터는 그런 유형의 문제 수준이 점점 높아진다는 데 있습니다. 그 이유는 배우는 수학 개념과 용어의 개수가 늘어나기 때문이에요. 고학년의 문제를 같이 살펴보겠습니다.

우리 학교 생태학습장에는 직사각형 모양의 텃밭이 여러 개 있습니다. 그중 A 텃밭은 가로의 길이가 세로 길이의 2.4배이고, 세로의 길이는 3.5m입니다. B 텃밭은 A 텃밭과 모양은 같지만 넓이는 A 텃밭의 1.5배라고 합니다. 각 텃밭에 고구마를 심기로 했는데 1m²당 2.5kg의 고구마를 수확할 수 있다고 합니다. A 텃밭과 B 텃밭에서 수확할 수 있는 고구마의 양은 각

수학 진짜 잘하는 법을 알려줄게요.

각 몇 kg인가요? (단, 텃밭의 넓이와 고구마 수확량은 소수점 둘째 자리까지 표현하세요.)

이 문제에는 '생태학습장', '텃밭', '고구마' 등 일상에서 쓰는 기본적인 어휘 그리고 '직사각형', '가로, 세로의 관계', '넓이의 비교(n 배)', '단위 넓이당 수확량', '여러 가지 단위(m^2, kg)', '소수의 곱셈', '소수점 둘째자리' 등의 수학 개념과 어휘가 포함되어 있습니다.

일상 어휘 부분을 읽으면서 '어? 이건 뭐지?'라고 막히지 않아야 하고, 수학 어휘 부분을 읽으면서는 수학 개념과 식, 방법을 떠올릴 수 있어야만 이 수학 문제를 풀 준비가 된 것이죠. 여기서 말하는 '수학적 어휘'란 일상적인 어휘와는 다른, 수학 고유의 용어와 정의, 성질 그리고 표현 등을 가리키는데요. 이러한 수학적 어휘의 이해는 초등부터 수능까지 문장으로 이루어진 모든 문제를 풀 수 있는 기초 체력이 됩니다.

수학 문해력 향상을 위해서는 단계적인 접근이 필요합니다. 우선 교과서에 등장하는 수학 어휘들을 빠짐없이 '말'로 설명할 수 있어야 하고요. 수학 문제에서 잘 쓰이는 표현, 예를 들어 '수와 연산' 영역에서 자주 등장하는 '○○만큼 더 큰 수', '더 많은', '가장 많은', '○○보다 더 많이', '○○ 사이에' 등의 단어가 문장 속에 있을 때, 더하기(+)를 해야 하는지, 빼기(-)를 해야 하는지, 두 수를 비교해야 하는지 등 문장을 식으로 바꿀 수도 있어야 합니다. (연습 없이도 잘하는 아이들이 있습니다만 부족한 아이라면 '수 감각' 연습의 일환으로 꾸준히 훈련시켜 주시면 좋습니다.) 각 잡고 "하나씩 외우자."라고 하실 필요는 없고요. 문제에서 만날 때마다 다시 짚어 주시면 됩니다.

"여기서 ○○만큼 더 큰 수라고 했지?
그럼 어떻게 해야 할까?
왜 그럴까?"

이렇게 아이가 스스로 생각하며, 자신의 생각을 말로 표현할 수 있는 기회를 많이 만들어 주시면 됩니다. 그러다가 자주 헷갈려하고 틀리는 표현은 오가면서 잘 볼 수 있는 곳에 걸어둔 화이트보드에 써 놓거나 포스트잇에 적어서 아이의 눈에 잘 띄는 책상 앞에 붙여 두시면 좋습니다.

이 단계가 지나면 실제 문제를 상황적으로 이해하는 연습을

수학 진짜 잘하는 법을 알려줄게요.

해야 합니다. 이 과정은 '사실 확인'과 비슷한 단계인데요, 앞서 보았던 문제로 예시를 들어보자면 다음과 같습니다.

민지는 학용품 가게에서 색연필 13자루를 샀습니다.

→ 민지는 13개를 가지고 있다.

다음 날 민지 엄마가 색연필 42자루를 더 사주셨습니다.

→ 민지는 42개가 '더' 생겼다.

민지가 가지고 있는 색연필은 모두 몇 자루인가요?

→ 민지가 가지고 있는 연필의 총 개수 = 13 + 42

난도를 좀 더 높여 볼까요?

영수네 학급 도서관에는 책 84권이 있었습니다.

→ 영수네 반 도서관에는 책이 84권이 있다.

오늘 16권을 다른 반에 빌려주고

→ 지금 영수네 반 도서관에는 16권이 없다.

→ 지금 있는 책의 권수 = 84 − 16 = 68

새 책 35권을 들여놓았습니다.

→ 영수네 반 도서관에 새롭게 35권이 생겼다.

지금 영수네 학급 도서관에는 책이 몇 권 있나요?

→ 지금 있는 책의 권수 = 68 + 35

이 방식은 문장제 문제를 아주 단순한 연산 문제로 바꿔서 수학적으로 '생각'할 수 있는 기회를 제공합니다. 앞서 말한 수학적 사고력이 이렇게 쉬운 문장제 문제를 연습하는 것으로도 생겨날 수 있는 것이죠. 글로 쓰는 것이 어려운 아이라면 말로 하거나 그림을 그리는 방식으로 표현해도 좋습니다. 초 2 단계에서 중요한 것은 '줄 맞춰 식(글)을 잘 쓰는 것'보다 '수학적으로 생각하는 연습'을 하는 것이니까요.

수학 동화 읽기

문장제 문제가 익숙해진 아이를 한 단계 더 나아가도록 하는 것, 즉 수학적 표현으로 가득한 문장을 보고 겁내지 않도록 하는 데는 '수학 동화 읽기'가 매우 효과적입니다. 초등 저학년 아이들이 읽을만한 수학 동화는 대개 '문제 해결' 중심의 스토리 북인 경우가 많은데요, 주인공이 똑똑한 친구나 선생님이나 박사님과 함께 모험을 하며 수학적인 생각을 통해 문제를 해결하는 스토리입니다. 어떻게 보면 이 책들이 문장제 문제의 확장판이라고

수학 진짜 잘하는 법을 알려줄게요.

볼 수 있지요. 그렇다고 해서 앞서 소개한 두 번째 단계처럼 문장을 일일이 짚어가며 상황을 모두 설명하면서 읽게 해서는 안 됩니다. 지금 단계에서의 수학 동화는 아이에게 수학적 스토리를 '낯설지 않게 하기' 위한 도구예요. 수학 어휘와 표현이 익숙해지고 수학 스토리가 흥미롭게 느껴진다면 그것으로 충분하니 너무 학습적으로 지도하지 말아주세요. 읽는 능력을 키우는 것이 먼저이니까요.

　　다음은 학년별, 영역별 추천 수학 동화입니다. 온라인 서점과 검색을 통해 책 정보를 먼저 찾아보시고 우리 아이가 흥미롭게 읽겠다는 생각이 드신다면 도서관이나 서점에 가서 아이와 함께 살펴보세요. 아시겠지만 반드시 읽어야 하는 책은 없습니다. 아이가 손으로 만져보고 표지도 보고 책장을 넘겨보면서 '읽고 싶다'는 생각이 조금이라도 드는 책을 읽혀야 효과가 있어요. 물론 그러기 위해서는 약간의 수고는 해야 합니다. 표지의 그림을 보며 "와, 이 책은 어떤 내용일까? 엄마는 되게 궁금한데?"라는 말로 아이의 호기심을 자극하는 대화를 나눠 보시면 좋겠습니다.

초등 1-2학년군 수학 연계 추천도서

순	영역	서명	저자	출판사
1	수와 연산 / 네 자리 이하의 수	처음 만나는 수학 그림책	미야니시 타츠야	북뱅크
2		날아라 숫자 0	조앤 홀럽	봄나무
3		이상한 나라의 숫자들	마리아 데 라 루스 우리베	북뱅크
4		무슨 줄일까?	오무라 토모코	계림북스
5		수를 사랑한 늑대	김세실	아이세움
6		키키는 100까지 셀 수 있어!: 수 세기 편	이범규	비룡소
7		100층짜리 집	이와이 도시오	북뱅크
8		100 200 300 물레를 돌려요	채송화	을파소
9		백만은 얼마나 클까요?	데이비드 M. 슈워츠	토토북
10	두 자리 수 범위의 덧셈과 뺄셈	꼬끼오네 병아리들	이범규	비룡소
11		덧셈놀이	로렌 리디	미래아이
12		뺄셈놀이	로렌 리디	미래아이
13		숫자 전쟁	후안 다리엔	파란자전거
14		펭귄 365	장 뤽 프로망탈	보림
15		수학 너 재미있구나	그렉 탱	달리
16		즐거운 이사놀이	안노 미쓰마사	비룡소
17		세상에서 가장 재미있는 스파게티 수학	매릴린 번즈	청어람 미디어

수학 진짜 잘하는 법을 알려줄게요.

18		호박에는 씨가 몇 개나 들어있을까?	마거릿 맥나마라	봄나무
19		떡 두 개 주면 안 잡아먹지	이범규	비룡소
20	곱셈	신통방통 곱셈구구	서지원	좋은책 어린이
21		곱셈 마법에 걸린 나라	팜 캘버트	주니어 김영사
22		곱셈 구구가 이렇게 쉬웠다니!	정유리	파란정원
23	변화와 관계	수리수리마수리 암호 나라로!	고희정	토토북
24		수학식당2	김희남	명왕성은 자유다
25	규칙 찾기	신통방통 문제 푸는 방법	서지원	좋은책 어린이
26		괴물 나라 수학 놀이 규칙을 찾아라!	로리 커포티	키즈엠
27		피터, 그래서 규칙이 뭐냐고	서지원	나무생각
28	입체 도형의 모양	쌓기나무, 널 쓰러뜨리마!	강미선	북멘토

29			세상 밖으로 나온 모양	이재윤	아이세움
30		평면 도형과 그 구성 요소	일곱 빛깔 요정들의 운동회	강혜숙	한울림 어린이
31			내 방은 커다란 도형	조앤 라클린	청어람 미디어
32			도형이 이렇게 쉬웠다니!	정유리	파란정원
33			도깨비 얼굴이 가장 커!	이범규	비룡소
34		양의 비교	왜 내 것만 작아요?	박정선	시공 주니어
35			비교쟁이 콧수염 임금님	서지원	나무 생각
36	도형과 측정		똑딱 똑딱!	제임스 덴버	그린북
37			딸꾹질 한번에 1초 : 시간이란 무엇일까?	헤이즐 허친스	북뱅크
38		시각과 시간	시간이 뭐예요?	파스칼 에스텔롱	문학동네
39			시계 그림책1	마쓰이 노리코	길벗 어린이
40			시계보기가 이렇게 쉬웠다니!	김지현	파란정원
41			다시 재 볼까?	강성은	아이세움
42		길이	길이 재는 신데렐라	이효진	을파소
43			수학이 정말 재밌어지는 책	미레이아 트리위스	그린북

44	자료와 가능성	분류하기	걱정 많은 임금님	박정선	시공주니어
45			얼렁뚱땅 아가씨	박정선	시공주니어
46			귀가 크고 꼬리가 짧은 토끼를 찾아라!	김성은	을파소
47		표 만들기	궁금한 게 많은 악어 임금님 : 통계	이지현	아이세움
48		그래프 그리기	쉿! 우리끼리 그래프 놀이	서보현	아이세움
49			시골쥐는 그래프가 필요해!	이현주	을파소
50			그래프 놀이	로렌 리디	미래아이

초등 3-4학년군 수학 연계 추천도서

순	영역	서명	저자	출판사
1	다섯자리 이상의 수	동전이 열리는 나무	낸시 켈리 알렌	주니어 김영사
2		마법의 숫자들	공지희	비룡소
3	세 자리 수의 덧셈과 뺄셈	덧셈 뺄셈, 꼼짝 마라!	조성실	북멘토
4		수학 바보	데이비드 루바	주니어 RHK
5	곱셈	수학아 수학아 나 좀 도와줘 2	조성실	삼성당
6		항아리 속 이야기	안노 마사이치로	비룡소
7		탤리캣과 마법의 수학나라 1	배소미	참돌어린이
8	나눗셈	모아모아, 똑같이 나누어요!	전지은	주니어 랜덤
9		수학 친구 3학년	서울교대 초등수학 연구회	녹색지팡이
10		자꾸자꾸 초인종이 울리네	팻 허친스	보물창고
11		신통방통 나눗셈	서지원	좋은책 어린이
12	분수와 소수	분수놀이	로렌 리디	미래아이
13		견우와 직녀가 분수 때문에 싸웠대 : 분수	이안	과학동아 북스
14		소원 들어주는 음식점	서지원	와이즈만 북스

(영역 열 좌측: 수와 연산)

수학 진짜 잘하는 법을 알려줄게요.

15		가우스는 소수 대결로 마녀들을 물리쳤어	김정	뭉치
16	분수와 소수의 덧셈과 뺄셈	소원이 이루어지는 분수	도나 조 나폴리	주니어 김영사
17		프랑스 원리수학1	안 시에티	청년사
18	변화와 관계	규칙 찾기	천재들이 만든 수학퍼즐 25	신미정	자음과모음
19		피타고라스가 만든 규칙 찾기	홍선호	자음과모음
20			각도나라의 기사	신디 누시원더	승산
21		도형의 기초	탤리캣과 마법의 수학나라 2	배소미	참돌어린이
22			선	게리 베일리	미래아이
23			오일러와 피노키오는 도형춤 대회 1등을 했어	이안	뭉치
24	도형과 측정	평면 도형의 이동	숲속 동물들의 평형 놀이	필로메나 오닐	주니어 김영사
25			수학에 번쩍 눈뜨게 한 비밀 친구들 4	황문숙	가나출판사
26		원의 구성 요소	원의 비밀을 찾아라	남호영	작은 숲
27			우리 대결하자	권재원	그레이트 북스
28		여러 가지 삼각형	성형외과에 간 삼각형	마릴린 번스	보물창고
29			천재들이 만든 수학퍼즐 30	선종민	자음과모음
30			신기하고 놀라운 삼각형	정완상	이치 사이언스
31		여러 가지 사각형	사각사각정사각 도형나라로!	고희정	토토북
32			사각형	게리 베일리	미래아이

33	다각형	반원의 도형나라 모험	안소정	창비
34		파라오의 정사각형	안나 체라솔리	봄나무
35		우주목수를 이긴 돼지 : 다각형	백명식	내인생의책
36		유클리드가 들려주는 기본도형과 다각형 이야기	김남준	자음과모음
37	시각과 시간	눈물을 모으는 악어	아나 알론소	영림카디널
38		세상에서 가장 아슬아슬한 자동차 습격 사건	펠리시아 로	푸른 숲 주니어
39		시간을 재는 눈금 시계	김향금	미래엔 아이세움
40	길이	신통방통 플러스 길이의 덧셈과 뺄셈	서지원	좋은책 어린이
41		고양이가 맨 처음 cm를 배우던 날	김성화, 권수진	미래엔 아이세움
42		커졌다 작아졌다 콩나무와 거인	앤 매캘럼	주니어 김영사
43	들이	알쏭달쏭 알라딘은 단위가 헷갈려	황근기	과학동아 북스
44	무게	세상에서 가장 황당한 올림픽 대회	펠리시아 로	푸른숲 주니어
45		우리 수학놀이 하자! 4 : 길이와 무게	크리스틴 달	주니어 김영사
46	각도	사방팔방 각도를 찾아라!	전지은	주니어 랜덤
47		각도로 밝혀라 빛!	강선화	자음과모음

수학 진짜 잘하는 법을 알려줄게요.

48	자료와 가능성	자료의 정리	툴툴 마녀는 수학을 싫어해!	김정신	진선아이
49			파스칼은 통계 정리로 나쁜 왕을 혼내줬어	서지원	뭉치
50			손으로 따라 그려봐 : 그래프	한정혜	뜨인돌 어린이

초등 5-6학년군 수학 연계 추천도서

순	영역		서명	저자	출판사
1	수와 연산	약수와 배수	두근두근 수학섬의 비밀	사쿠라이 스스무	진선출판사
2			로지아 논리 공주를 구출하라	정완상	쿠폰북
3			수학에 푹 빠지다 : 약수와 배수	김정순	경문사
4			페르마가 만든 약수와 배수	장명숙	자음과모음
5		분수와 소수의 연산	분수, 넌 내 밥이야!	강미선	북멘토
6			수학 유령 베이커리 : 골고루 분수와 맛있는 소수	김선희	살림어린이
7			행복한 수학 초등학교2 : 연산의 세계	강미선	휴먼어린이
8			수학유령 대소동	정완상	쿠폰북
9	변화와 관계	비와 비율	가르쳐주세요! 백분율에 대해서	김준호	지브레인
10			비, 비율 거기 섯!	홍선호	북멘토
11			알쏭달쏭 이퀘이션 수학대회	정완상	쿠폰북
12		비례식과 비례배분	수학공화국 수학법정1	정완상	자음과모음
13			매쓰톤의 위치좌표를 찾아라	정완상	쿠폰북
14	도형과 측정	합동과 대칭	가르쳐주세요! 합동과 닮음에 대해서	채병하	지브레인
15			사라진 수학 거울을 찾아라	정완상	쿠폰북
16			프랑스 원리 수학2 : 도형과 친해지기	안 시에티	청년사

수학 진짜 잘하는 법을 알려줄게요.

17			탈레스가 만든 합동과 닮음	채병하	자음과모음
18			양말을 꿀꺽 삼켜버린 수학2 : 도형과 퍼즐	김선희	생각을담는 어린이
19		직육면체 와 정육면체	과학공화국 수학법정3-도형	정완상	자음과모음
20			반원의 도형나라 모험	안소정	창비
21			수학탐정 매키와 누팡의 대결2	정완상	두리미디어
22			도형, 놀이터로 나와!	조성실	북멘토
23		기둥과 뿔	바빌로고스와 이각형의 비밀	정완상	쿠폰북
24			10일간의 보물찾기	권재원	창비
25			아르키메데스가 들려주는 다면체 이야기	권현직	자음과모음
26		입체 도형의 공간 감각	쌓기나무, 널 쓰러뜨리마!	강미선	북멘토
27			피에트 하인이 만든 쌓기나무	김태완	자음과모음
28		어림하기	잃어버린 단위로 크기를 구하라	장혜원 외	자음과모음
29			피타고라스가 만든 규칙 찾기	홍선호	자음과모음
30		평면 도형의 둘레와 넓이	피타고라스 구출작전	김성수	주니어 김영사
31			수학탐정 매키와 누팡의 대결2	정완상	두리미디어
32			탈레스 박사와 수학영재들의 미로게임	김성수	주니어 김영사

33	원주율과 원의 넓이	파이의 비밀	신디 누시원더	승산
34		아르키메데스가 만든 원과 직선	김종영	자음과모음
35		조충지가 들려주는 원1 이야기	권혁진	자음과모음
36	입체 도형의 겉넓이와 부피	프랑스 원리 수학2 : 도형과 친해지기	안 시에티	청년사
37		매스 히어로와 다각형 파괴자	카렌 퍼럴	조선북스
38		아르키메데스가 들려주는 다면체 이야기	권현직	자음과모음
39	자료와 가능성	자료의 정리	어린이를 위한 통계란 무엇인가	신지영	주니어 김영사
40			천재들이 만든 수학퍼즐 27 오일러가 만든 그래프	김은영	자음과모음
41		가능성	속담 속에 숨은 수학2 : 확률과 통계	송은영	봄나무
42			세상에서 가장 오래된 수학책	정완상	쿠폰북
43			과학 공화국 수학법정5 : 확률과 통계	정완상	자음과모음
44			이상한 게임 사이트	정완상	쿠폰북
45	초등 전과정 통합	수학빵	김용세	와이즈만 북스
46		수학식당	김희남	명왕성은 자유다
47		수학에 번쩍 눈뜨게 한 비밀 친구들	황문숙	가나출판사

수학 진짜 잘하는 법을 알려줄게요.

48		수학특성화중학교	이윤원 외	뜨인돌 출판사
49		리틀 수학 천재가 꼭 알아야 할 수학이야기	신경애	교학사
50		수학 귀신	H.M 엔첸스베르거	비룡소

수학 일기 쓰기

상황적 여유가 된다면 수학 일기 쓰기도 추천합니다. '한글 일기를 쓰게 하는 것도 힘든데 수학 일기가 과연 가능할까?'라는 생각 때문에 우선 거부감이 드는 분도 있을 겁니다. 하지만 너무 어렵게 생각하지 않으셔도 돼요. 보통 아이들이 일기를 쓰기 어려워하는 대표적인 이유는 '글감' 때문인데요, 특별한 일이 있었던 날은 잘 쓰든 못 쓰든 어떻게든 양을 채울 수 있는데 똑같은 일상이 반복될 때는 무엇을 써야할지가 고민되는 겁니다. 그런데 수학 일기는 글감을 고민할 필요가 없습니다. 매일 배운 것이 있고, 쉽거나 어려운 부분이 있었을 테니 글감이 떨어질 일도 없기 때문이죠.

수학 일기는 단순한 글쓰기 활동이 아닙니다. 아이들이 수학적 개념을 자신의 언어로 표현하고 문제 해결 과정을 정리하며 자신의 수학적 사고를 돌아보는 중요한 학습 과정이에요. 수학 일기를 쓰는 과정에서 아이들은 자신이 배운 개념을 다시 한번 생각하게 되거든요. '오늘 배운 곱셈은 어떤 것이었지?', '그 문제는 어떻게 풀었더라?' 하고 되짚어보면서 수업 시간에 배운 내용을 더 깊이 이해하게 되죠. 특히 초등 저학년 때부터 수학 일기를 쓰는 습관을 들이면 고학년이 되었을 때 복잡한 수학적 개념을 이해하고 표현하는 데 굉장히 큰 도움이 됩니다.

수학 일기 쓰기를 지도하실 때에는 '2+1'만 기억하시면 됩니다. 분량도 딱 1줄 쓰기부터 시작하세요. 그러면 거창한 일기장도 필요 없기 때문에 날짜별로 한 줄만 써도 괜찮은 작은 노트를 마련해 주시면 됩니다.

'2+1'에서 '2'는 '무엇을 주로 쓸 것인가'입니다. 다음 2가지 중 1가지를 골라 쓰게 하세요.

1. 오늘 배운 내용 정리하기
"오늘은 □□에 대해 배웠다."
"가장 기억에 남는 문제는 ○○이다."

수학 진짜 잘하는 법을 알려줄게요.

2. 어려웠던 점과 해결 과정 쓰기

"처음에는 □□가 어려웠다."

"그런데 ○○처럼 생각하니까 이해가 되었다."

"아직도 궁금한 점은 ○○이다."

매일 쓸 필요도 없습니다. 일주일에 2~3회 정도 특별히 인상 깊었던 수업이나 새로운 개념을 배운 날 쓰는 것으로 시작해 보는 거예요. 그리고 가능하다면 수식이나 간단한 그림도 함께 표현하도록 합니다. 이는 언어적 표현과 수학적 표현을 연결하는 좋은 방법이거든요. 이 훈련이 익숙해지면 여기에 더해 '+1' 활용, 즉 '실생활과 연결 짓기'까지 지도해 보시면 좋습니다. 이렇게요.

"오늘 배운 내용을 우리 집에서 찾아보니 ○○이다."

"○○을/를 할 때 오늘 배운 걸 사용할 수 있을 것 같다."

무엇보다 중요한 것은 수학 일기를 통해 아이들이 수학에 대한 두려움을 줄이고 자신의 생각을 자유롭게 표현할 수 있게 되는 것입니다.

Choice4. 규칙적인 수학 학습 습관 들이기

이 시기부터는 규칙적인 수학 학습 시간을 확보하는 것이 중요합니다. 하루 30분 정도부터 시작해서 아이의 적응 상태를 보며 점진적으로 시간을 늘려가세요. 단순히 문제집을 푸는 것에 국한되지 않고 다양한 수학 활동을 포함하여 요일별로 다른 활동을 구성하면 수학 공부의 연속성을 유지하면서도 아이들의 흥미를 이어갈 수 있습니다. 예를 들어서 다음과 같이 일주일 공부 계획을 짤 수 있어요.

- 월요일: 수학 동화 읽기
- 화요일: 교과 문제집 풀이
- 수요일: 사고력 수학 문제집 풀이
- 목요일: 교과 문제집 풀이
- 금요일: 복습 및 보드게임

이런 식으로 매일 학습 도구를 다양하게 구성하면 아이들이 수학을 지루한 과목이 아닌 재미있는 활동으로 인식할 수 있습니다.

수학 진짜 잘하는 법을 알려줄게요.

필수예요!	추천해요!	선택 사항
• 1, 2학년 연산 점검 • 수학 문해력 키우기 • 규칙적인 수학 학습 습관 들이기	• 사고력 수학 경험하기 • 수학 동화 읽기 • 수학 일기 쓰기	• 사고력 수학 경험하기

초등 3학년: 본격적인 수학의 시작

3학년 수학, 약점 살펴보기

▶3학년 복잡한 계산이 나오기 시작하는 시기,

처음으로 수포자 발생

- 곱셈과 나눗셈의 연산 오류
- 선분과 직선의 구분
- 원의 지름과 반지름
- 분수에 관한 오개념

영역	내용	체감난이도
수와 연산	- 세 자리 수의 덧셈과 뺄셈 - 곱셈의 고도화 - 나눗셈 개념 알기 - 분수와 소수의 이해	★★★ ★★★★ ★★★★ ★★★★

수학 진짜 잘하는 법을 알려줄게요.

변화와 관계	- 직선, 선분, 반직선의 구분	★★★
	- 각의 이해	★★★
	- 직각삼각형, 직사각형, 정사각형 알기	★★★★
	- 원의 구성요소 알기	★★★
	- 길이 환산하기	★★
	- 시간을 초 단위까지 읽기	★★★
	- 들이의 개념 이해	★★★
	- 들이의 덧셈과 뺄셈	★★★
	- 무게 읽기와 단위 환산	★★★
	- 무게의 합과 차	★★★
도형과 측정	- 자료의 수집	★★
	- 그림 그래프 나타내기	★★

초등학교 3학년은 수학 학습에서 매우 중요한 전환점입니다. 1, 2학년이 수 감각을 익히고 연산의 기본 원리를 이해하는 '기초 다지기' 단계였다면 3학년은 단순 계산에서 벗어나 추상적인 개념을 이해하고 다양한 문제 해결 전략을 세우는 능력이 필요한 때입니다.

Choice1. 3학년 때 꼭 제대로 익혀야 하는 단원

각 학년 시기마다 배우는 수학 단원은 모두 중요하지만, 그

중에서도 몇몇 단원은 아이들이 어려워하면서도 오개념을 가지기 쉬운 데다가 중고등 수학에서도 중요하게 다뤄지는 것들입니다. 가장 대표적인 것이 3, 5, 6학년 때 등장하는 나눗셈, 분수, 비와 비율 단원이에요. 그러니 3, 5, 6학년 로드맵에서 하나씩 자세히 살펴보도록 하겠습니다.

3학년에서 가장 주목해야 할 단원은 나눗셈과 분수입니다. 이 두 개념은 수학적 추상성이 한층 높아지는 대표적인 예죠.

나눗셈

많은 아이들이 나눗셈을 그저 '곱셈의 반대'로 알고 있지만 이것은 매우 위험한 오개념입니다.

나눗셈은 사실 '등분제'와 '포함제'라는 두 가지 의미를 포함하고 있어요. 하지만 일반적으로는 등분제 개념만을 나눗셈의 의미로 기억하는 경우가 많습니다. 등분제는 전체를 똑같은 크기로 나누는 상황을 의미하고요. 포함제는 기준량(나누는 수)이 몇 번 포함되는지를 구하는 상황을 의미합니다. 예를 들어, 장미꽃 12송이를 꽃병 4개에 똑같이 나누어 꽂아서 꽃병 1개에 3송이씩 꽂을 수 있는 상황이 바로 등분제입니다. 그림으로 나타내면 왼

쪽과 같고요.

포함제는 장미꽃 12송이를 3개씩 한 묶음으로 덜어내는, 즉 3송이씩 4묶음으로 묶을 수 있는 상황으로서 오른쪽 그림과 같습니다. 특히 나누어지는 단위와 나누는 단위(송이)가 같다는 특징이 있지요.

등분제냐, 포함제냐는 용어는 중요하지 않다 해도 '똑같이 나누기', '똑같이 묶어 덜어내기'를 구분하는 것은 중요합니다. 왜냐하면 등분제는 나눗셈 단원의 바로 다음에 나오는 분수 개념을 이해하는 밑바탕이 되는 개념이고, 6학년 2학기 분수의 나눗셈 [(분수) ÷ (분수)]을 이해할 때는 등분제보다는 포함제를 활용하는 것이 더 수월하기 때문이에요. 아이들이 곱셈의 원리를 덧셈

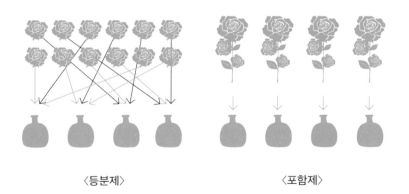

〈등분제〉   〈포함제〉

(예: 2+2+2+2+2=2x5=10)으로 쉽게 이해하는 것처럼 나눗셈의 원리는 포함제를 활용한 뺄셈으로 쉽게 이해할 수 있습니다. 예를 들어 보면 다음의 상황과 같지요.

딸기 주스 $\frac{8}{9}$L를 한 병에 $\frac{2}{9}$L씩 똑같이 나누어 담으려고 할 때, 몇 개의 병에 나누어 담아야 하는지 구하시오.

$$\frac{8}{9} - \frac{2}{9} - \frac{2}{9} - \frac{2}{9} - \frac{2}{9} = 0 \Rightarrow \frac{8}{9} \div \frac{2}{9} = 4$$

이 개념 외에도 몫, 나머지, 나누어 떨어진다 등 나눗셈의 기본 용어의 뜻을 정확히 알고 잘 활용할 수 있어야만 이후의 개념 학습에도 큰 도움이 된다는 사실을 꼭 기억하시기 바랍니다.

분수

분수 역시 단순히 '분자, 분모가 있는 수'가 아니라 더 깊은 이해가 필요합니다. 분수의 의미, 단위 분수의 이해(초 3 수학의 분수에서 가장 중요한 부분!), 진분수, 가분수, 대분수의 구분 등 다양한 측면에서 말이지요.

분수 단원은 초 3 때 가장 처음 등장해서 초 5 때는 과정 전반에 영향을 미치는 중요 개념입니다. 그런데 분수 단원을 배우

수학 진짜 잘하는 법을 알려줄게요.

는 초 3부터 초 6까지의 연령 수준에 비추어 봤을 때 놀랍게도 아이들이 가장 힘들어하는 단계는 의외로 초 3이에요. 일단 뒤이어 설명드릴 '연속량'과 '이산량' 개념이 잘 이해되지 않아서 그냥 외우고 넘어가는 경우가 많고요. 단위 분수 및 기준량 1의 개념을 오개념으로 받아들이는 경우도 많습니다. 하지만 중고등 수학에도 영향을 미치는 중요 개념이기 때문에 제대로 이해하고 있는지는 꼭 확인하신 후 다음 학년으로 넘어가야 합니다.

3학년 1학기에는 연속량, 즉 분리하여 셀 수 없는 것(길이, 넓이, 부피, 무게 등)을 등분할하는, 1보다 작은 분수를 배웁니다. 예를 들어 "피자 한 판을 5명이 나눠 먹는다면?"과 같은 식이죠. 그런데 2학기 때는 이산량, 즉 분리하여 셀 수 있는 공, 과일, 사탕, 연필과 같은 것을 똑같이 나누는 것을 다루게 돼요. 그래서 초 3 아이 중에는 다음과 같은 상황을 잘 이해하지 못하는 경우가 종종 생깁니다.

일단 눈에 보이는 6개의 사탕을 전체, 즉 '1'로 본다는 사실을 받아들이기 어려워합니다. 또한 이 사탕들을 똑같이 3묶음으로 나누었을 때, 한 묶음 속 사탕의 개수는 분명 2개인데 이걸 $\frac{1}{3}$이라고 말하는 것도 잘 이해하지 못해요. 하지만 그럴 때 '단위 분수' 개념이 큰 도움이 됩니다.

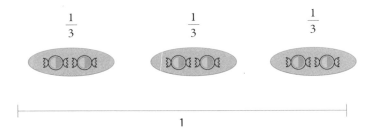

$$\frac{1}{3} \qquad \frac{1}{3} \qquad \frac{1}{3}$$

1

그러면 이 개념을 문제에 적용해 볼게요. (아이에게 발문하고 단위 분수 개념을 스스로 깨닫게 해 보세요!)

Q) 사과 6개의 $\frac{2}{3}$ 는 얼마입니까?

A) 단계마다 아래와 같은 적절한 질문을 해 보세요.

1) 전체를 몇 '단위 묶음'으로 나눌 것인가를
   생각하게 한다.
   ⇨ "사과를 우선 몇 묶음으로 나누면 될까? 분모가 힌트
   야!" → 3
2) '단위 묶음' 안에 들어 있는 사물의 개수를 생각하게 한다.

수학 진짜 잘하는 법을 알려줄게요.

⇨ "똑같은 수의 사과로 나눈 묶음이 총 3개이면 각 '단위 묶음'에는 몇 개의 사과가 있어야 할까?" → 6÷3=2

3) 묶음 수를 파악하게 한다.

⇨ "그럼 $\frac{2}{3}$란, '단위 묶음'이 몇 개라는 뜻일까?"

⇨ $\frac{1}{3}$ x 2 = $\frac{2}{3}$ → 2

4) 답을 유추하게 한다.

⇨ "그럼 사과 6개의 의 개수는 어떻게 구하면 좋을까?"

→ 6개를 3개 $\frac{2}{3}$의 묶음으로 나누면 한 묶음 속의 사과가 2개야. 그 묶음이 2개이니까 ⇨ 6 x $\frac{2}{3}$ = 4

그림으로 나타내면 다음과 같습니다.

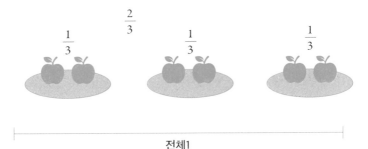

전체1

이처럼 단위 분수 개념을 정확하게 배우면 '단위 분수의 몇 배' 개념을 이해하게 되고, 단위 분수가 제대로 이해되면 진분수, 가분수, 대분수의 의미도 좀 더 정확하게 이해할 수 있게 됩니다. 그럼으로써 후술할 4, 5, 6학년의 분수 단원도 훨씬 더 쉽게 이해할 수 있게 됨은 물론이고요. (앞에서 설명했던 개념 연결이 바로 이것이에요!)

Choice2. 우리 아이에게 딱 맞는 교과 문제집 고르기

3학년부터는 문제집도 체계적으로 활용할 수 있어야 합니다.

저는 문제집 선택에 '2+1 원칙'을 추천드려요.

이는 우리 아이 수준에 딱 맞는 '기본 문제집' 1권, 우리 아이 수준보다 한 단계 높은 '도전 문제집' 1권 (이 두 권이 '2') 그리고 '상황별 보완 문제집' 1권을 의미합니다. 연산 강화가 필요할 때는 상황별 보완 문제집으로 연산 문제집을, 도형 개념이 부족할 때는 도형 문제집을, 사고력 향상이 필요할 때는 사고력 문제집

수학 진짜 잘하는 법을 알려줄게요.

을, 문장제 문제에 약할 때는 문장제 문제집을 추가하는 식이죠. 그렇다면 문제집 선택의 최우선이 되는 '기본 문제집'은 어떤 기준으로 선택하면 좋을까요?

기본 문제집 고르는 법

'기본 문제집'의 적정 수준은 10 문제를 푼다고 가정했을 때, 자기 힘으로 7 문제, 즉 70%의 정답률을 보이는 것입니다. 간혹 "그렇다면 한 문제집으로 새로운 걸 30%만 배우는 게 아닌가요? 그정도는 너무 적은 것 같아요. 반은 남는 게 있어야죠!"라고 말씀하시는 분이 있는데요, 하지만 정답률이 50% 정도로 낮아지면 아이의 학습 의욕은 2~3배 이상 떨어집니다.

예를 들어, 채점 후 결과를 보니 한 페이지의 4 문제 중 1번 O, 2번 X, 3번 X, 4번 O라는 결과가 나왔다고 해볼게요. 아이는 첫 문제를 풀었습니다. 그런데 그다음 문제는 모르겠어요. 그래서 넘어갔는데 그다음 문제도 모르는 문제가 나온 겁니다. 솔직히 4번 문제까지 가기도 전에 이미 자신감이 떨어져서 더는 풀고 싶지 않은 마음이 굴뚝같을 거예요. 수학 학습에서 가장 중요한 '성취감'이 철저히 무너지게 된 겁니다.

30%도 충분히 높은 비율입니다. 문제집 한 권당 30%의 모

르는 문제를 완벽히 내 것으로 만들 수만 있다면 굉장히 잘하고
있는 거예요.

　이 원칙대로 다음 표에 있는 '2단계' 수준의 문제집 (현 시점
에서 이미 배운 내용) 중 하나를 10 문제만 풀게 해보세요. (서점에
서 골라도 좋고, 출판사 중 교재의 전체 문제를 온라인으로 볼 수 있는
곳도 있습니다. (※디딤돌 교육 ⇨ 티클래스) 만약 정답률이 70% 정
도 나온다 싶으시면 다양한 출판사의 2단계 문제집을 쫙 펼쳐놓
고, 아이에게 풀 문제집을 직접 고르게 하세요. 단, 정답률이 70%
보다 낮다면 1단계 문제집을, 70%보다 더 높다면 3단계 문제집
을 기본 문제집으로 삼으시면 됩니다.

수학 진짜 잘하는 법을 알려줄게요.

초등 단계별 수학 문제집

출판사	1단계	2단계	3단계	4단계	경시대비
EBS	만점왕 수학		만점왕 수학 플러스	만점왕 수학 고난도	
동아 출판사	백점 수학 큐브 개념	큐브수학 개념응용	큐브수학 실력	큐브수학 심화	
디딤돌	디딤돌 초등수학 원리 디딤돌 초등수학 기본	디딤돌 초등수학 응용 디딤돌 초등수학 기본+응용 디딤돌 초등수학 문제 유형 디딤돌 초등수학 기본+유형	디딤돌 초등수학 최상위S	디딤돌 초등수학 최상위수학	3% 올림피아드
에듀왕	왕수학 개념+연산	왕수학 기본편	왕수학 실력편	점프 왕수학 최상위	응용 왕수학 올림피아드 왕수학

비상	교과서 개념잡기 완자 공부력	개념+유형 라이트	교과서 유형잡기 개념+유형 파워	개념+유형 최상위탑	
신사고	개념쎈	라이트쎈 우공비	쎈	최상위 쎈	
천재교육	개념 해결의 법칙	개념클릭 해법수학	유형 해결의 법칙 우등생 수학 응용 해결의 법칙 최고수준S	최강 TOT 최고수준	

이렇게 고른 '기본 문제집'의 정답률이 90% 이상이 되면 그
문제집은 이제 그만 풀게 하셔도 됩니다. 100%를 목표로 열심히
노력했다면 완벽하게 소화하지 못했다고 해서 계속 반복하게 할
필요는 없어요. 그보다는 기본 문제집 수준보다 한 단계 높은 '도
전 문제집'이 필요합니다. 도전 문제집 또한 기본 문제집을 골랐
을 때처럼, 여러 출판사 문제집 중 하나를 아이가 직접 고르게 해

수학 진짜 잘하는 법을 알려줄게요.

주세요. 이때는 되도록 기본 문제집의 출판사와는 다른 곳의 교재를 고르게 하는 것이 좋습니다. 아무래도 같은 출판사의 교재는 비슷한 구성으로 비슷한 문제가 다수 수록되기 때문에 다양한 문제를 풀어보게 한다는 측면에서 출판사를 주기적으로 바꿔가며 선택하는 것이 좋아요.

이렇게 한 학기 과정을 끝냈다면 그다음 학기의 기본 문제집으로 직전 학기 수준(2단계)을 반드시 고집할 필요는 없습니다. 지난 한학기 동안 충분한 실력이 쌓였고, 수학 자신감도 붙은 상태라면 이번에는 한 단계 높은 '3단계' 수준의 문제집으로 시작해 봐도 괜찮습니다. 반대로 직전 학기 교재가 너무 어려웠거나 자신감이 많이 하락한 상태라면 무리하지 말고 '1단계' 문제집부터 시작하는 것이 오히려 좋습니다.

이런 부분은 아이가 스스로 결정하기 어렵습니다. 정답률, 오답 현황, 아이의 수학 효능감 등 여러 가지를 살펴보신 후 부모님께서 융통성 있게 결정해 주시기 바랍니다. 단, 특정 학기 과정을 처음으로 배울 때는 절대로 '문제집'부터 풀게 해서는 안 된다는 것은 꼭 기억해 주세요. '교과서'가 가장 처음의 수학 학습 도구이고 그다음이 문제집입니다. 교과서 활용에 대한 자세한 내용은 4장에서 다루겠습니다.

디지털 도구 활용법

수학 학습 도구 중 가장 대표적인 것은 '문제집'입니다. 하지만 디지털 네이티브인 우리 아이들이 친숙하고 흥미롭게 느낄 수 있는 디지털 콘텐츠 및 학습 기기 등도 학습 도구로 적극 활용할 필요가 있어요.

우선 가장 대표적인 콘텐츠로 제가 강의나 도서 등을 통해 강력 추천하는 'EBS MATH'가 있습니다. EBS MATH는 EBS가 교육부 및 전국 17개 시도교육청과 협력하여 만든 무료 수학 사이트로서 총 8000여 종의 영상, 웹툰, 게임, 문제, 인터랙티브, 지식 카드 등의 콘텐츠와 다양한 수학 관련 읽을 거리를 제공하고 있어요. 콘텐츠는 초 3부터 고 3까지의 학습 내용으로 구성되어 있지만, 초 1, 2 아이들도 예습용으로 활용할 수 있을 정도로 쉽고 흥미로운 것이 많죠. EBS MATH 외에도 유튜브 영상, '똑똑! 수학 탐험대', '쥬니버 스쿨(만 3~8세용)' 등의 무료 앱과 '토도수학' 등의 유료 앱을 활용해도 좋습니다.

수학 개념 학습 방법으로 '교과서 읽기'를 추천하지만 스스로 교과서를 읽고 이해하는 것이 어렵거나 선생님의 설명을 듣고 학습하는 것을 더 좋아하는 아이들은 학원 선택 이전에 '인터넷 강의'를 활용하는 것도 좋은 방법입니다. EBS 인강은 실력이 검증된 현직 공/사교육 선생님들의 강의를 제공합니다. 다만 수업은 선생님과의 상호 작용이 중요하기 때문에 인강 수업을 결정하기 전에 최소한 해당 선생님의 수업 방식이 마음에 드는지, 호감은 있는지 등을 확인하기 위해 아이와 함께 먼저 맛보기 강의를 들어보시기 바랍니다. 특히 방학 중, 다음 학기의 예습 단계에서 '초등 수해력' 강좌, 부족한 영역 학습 보충을 위해서는 '수학 5대 영역 특강' 강의를 추천합니다.

　　하지만 중요한 것은 인강을 듣는 것 그 자체가 아니라 인강을 들을 때의 '학습 태도'입니다. 이는 고등학교에 진학하면 고교학점제 선택과목 수업이 온라인으로 이뤄질 가능성이 높다는 것과 관련이 깊은데요, 고교학점제는 진로나 적성에 맞는 다양한 선택 수업을 듣는 것이 가장 큰 특징입니다. 그런데 현실적으로 일개 학교에서 아이들이 원하는 모든 교과목을 다 개설할 수 없기 때문에 결국 온라인 수업에 많이 의존할 수밖에 없습니다. 학교 간 연계, 지역 연계를 통해서도 모든 수업 니즈를 충족하는 건 불가능하기 때문이죠. 그래서 자기주도적인 인강 수강 능력이 더욱더 중요해졌습니다. 피하려 해도 피할 수 없는 상황이 예고되어 있는 것입니다.

초등 때처럼 옆에서 다 챙겨주는 습관이 든 아이라면 나중에 큰 어려움을 느낄 가능성이 높습니다. 아마도 아이의 인강 스케줄부터 교재, 준비물, 과제 등을 일일이 챙겨 주시는 보호자분이 계실 겁니다. 하지만 자립적인 인강 공부 습관이 없는 아이를 고등학생이 되어서까지 옆에서 챙겨 주는 것은 매우 어려운 일일 거예요. 오프라인 수업과는 달리 온라인 수업의 특징은 스스로 챙길 것이 많다는 것입니다. 그러니 지금부터라도 알림 시계 등을 활용해서 체계적인 학습 습관을 들이고 준비물과 과제 리스트를 종이나 스케줄러로 관리하는 습관을 만들어 주세요. 수업 중에는 따로 (놀기 위해) 스마트폰 안 보기, 인강 수업 루틴 만들기 등의 노력이 지금부터 필요합니다. 진짜 온라인 수업을 활용하는 그 시기가 되면 이 습관을 들일 시간이 따로 없다는 사실을 절대로 잊지 마세요.

수학 진짜 잘하는 법을 알려줄게요.

Choice3. 첫 사교육 선택 고민

3학년은 많은 학부모님이 처음으로 사교육을 진지하게 고민하는 시기입니다. 1, 2학년 때까지는 배우는 내용이 그렇게 어렵지 않은 데다 '문제집을 굳이 풀게 해야 하나?'라는 고민이 들 정도로 심화 학습과 선행 학습에서 어느 정도는 자유로운 때라고 저도 말씀드렸으니까요. 그래서 가정에서도 얼마든지 지도가 가능했습니다.

하지만 초 3부터는 상황이 달라지죠. "초 3 분수부터 수포자가 등장한다!"라는 어마무시한 얘기가 여러 루트를 통해 들리다 보니 막연히 사교육의 도움을 받아야겠다고 생각하시는 분이 많아지는 것이 사실입니다. 게다가 나눗셈과 분수의 오개념을 상급학년으로 가져가지 않도록 지도해 달라는 당부를 드렸던 것처럼 '나누기가 나누기지 뭐야.', '분수가 분수지 뭐.'라는 생각으로 가볍게 지도하셨다가 큰일이 날 수 있는 것도 아주 틀린 말은 아닙니다.

하지만 크게 겁먹으실 필요는 없습니다. 여러분이 그렇게 대충(?) 지도하시지 않도록 교과서, 개념서 순으로 익히게 해주시고, 아이가 학교 수업을 열심히만 듣는다면 (아이가 그 과정을 충실히 따라온다는 가정하에) 절대 누락하거나 오개념을 가진 상태로 진학하지 않을 테니까요. 그러므로 앞서 언급했듯이 무조건적인 학원 등록보다는 단계적 접근이 필요합니다.

가장 먼저, 정해진 시간에 혼자 공부하는 습관을 들이고, 모르는 문제라도 어떻게든 스스로 해결하는 습관을 들여주세요. 다음 장의 학습법에서 다시 한번 다루겠지만, 모르겠다고 별표 치는 습관, 생각도 안 하고 답지 보는 습관은 어릴 때 만들어지는 겁니다. 초등 때는 속도전이나 양치기(무조건 많은 문제를 푸는 방식)로 문제를 대하기보다 충분히 고민할 시간을 주고 정확하게 푸는 연습을 해야 합니다. 이처럼 어느 정도 학습 습관이 든 다음에는 앞서 소개한 인강이나 학습 앱 등을 활용하게 해 주세요. 확실히 문제집만 푸는 것보다는 힘들이지 않고 재미있게 수학 공부를 할 테니까요. 하지만 이러한 방법을 활용해도 어려움이 있다면 그때 비로소 학원을 고려해 보아야 합니다.

그리고 학원에 다닌다고 해서 무조건 아이가 공부를 하게 되는 것은 아니라는 것을 아셔야 합니다. 물론 학원에 다니지 않으면서 아예 공부를 하지 않는 아이보다야 강제로라도 앉아 있으면 무엇이든 하게 되는 것은 맞습니다. 특히 초등 아이들에게 학

수학 진짜 잘하는 법을 알려줄게요.

원은 워킹 맘 등 아이를 직접 케어하기 힘든 상황의 가정일수록 보육의 역할도 하니까요. 하지만 이런 불가피한 상황이 아닌데도 '무조건 학원에 가야 한다'는 생각은 금물입니다. 학원 이야기는 4장에서 다시 한번 정리해 드릴 거예요.

결국 고등까지 학원에 의존하는 아이는 결코 '목표한 바'를 이루기 어렵습니다. 아이가 공부의 주도권을 가지고 정말 필요할 때만 학원의 도움을 받아야 한다는 교육 철학, 여러분이 꼭 가지셔야 하는 부분입니다.

Choice4. 경시대회 참여하기

초3은 경시대회와 같은 도전적인 활동을 시도해 볼 수 있는 시기이기도 합니다. 초등 고학년에 비해 상대적으로 배우는 내용이 어렵지 않아서 '경시대회' 참여의 가장 큰 목적인 '자신감 형성', '학습 동기' 측면에서 도움이 되고요. 준비하는 과정에서 관찰할 수 있는 '약한 영역'과 '어려워하는 유형'을 파악하여 수학 실력을 더욱더 견고하게 다질 수 있는 계기도 됩니다.

강의를 하다 보면 "지금 초 3인데(초 4인데 또는 초 5인데) 성대 경시('전국 수학 학력 경시대회'로 명칭이 바뀌었습니다)를 준비하는 걸 어떻게 생각하세요?"라는 질문을 꽤나 많이 받습니다. 어떤 학습 과정이든 아이의 현재 상황을 파악해야만 '좋다/아니다'라는 말씀을 드릴 수 있기에 조심스럽게 아이의 성적이나 학습 정도(심화/선행 학습 여부)를 여쭤봅니다. 대회에 참가하게 된다면 기왕이면 스스로든 주변에서든 인정받는 결과를 받을 수 있는 시험을 준비해야만 응시한 목적을 거둘 수 있기 때문이에요. 무리하게 준비하는 과정에서 수학 자신감이 떨어지고 더 나아가 수학에 대한 부정적인 인식까지 심어진다면 참가를 안 하는 것만 못하니까요.

따라서 경시대회 참여를 고려하시는 분들이라도 다음의 표를 참고하여 우리 아이가 도전해서 상대적으로 좋은 성과를 낼 수 있을만한 시험에 참여시키세요. 그리고 반드시 명심하실 것은 기본 학습이 전혀 갖춰지지 않은 상태에서의 참가는 오히려 마이너스라는 겁니다. 각 시험의 기출문제를 풀어보면 어떤 유형이 출제되는지 파악할 수 있는데요, 평소에 풀던 사고력 문제집이나 교과 심화 문제집과 비교하여 도전해 볼 만한지 우선적으로 파악하는 것이 중요합니다. 해볼 만하다는 생각이 든다면 (시험별로

수학 진짜 잘하는 법을 알려줄게요.

다르긴 하지만) 각 학년의 기출문제를 90% 이상 소화할 수 있도록 연습하고《디딤돌 초등수학 최상위 수학》이나《디딤돌 초등수학 최상위 사고력》,《영재사고력수학 1031》등을 풀게 하면서 준비하면 됩니다.

수학 경시대회 난이도 비교표

난이도	경시대회	대상 학년
저	HME(해법수학 학력평가)	초1~중3
	KMA(한국수학학력평가)	초1~중3
	KUT(고려대 전국 수학 학력평가시험)	초1~중2
↓	KMC(한국수학경시대회)	초3~고2
	전국 수학 학력 경시대회(성대 경시)	초1~고3
	KJMO(한국주니어수학올림피아드)	초1~중1
고	KMO(한국수학올림피아드)	중고등

필수예요!	추천해요!	선택 사항
• 나눗셈, 분수 단원 제대로 익히기 • 기본, 도전 문제집 활용	• 디지털 도구 활용 • 보완 문제집 활용	• 사교육 • 경시대회 참여

초등 4학년:
영역의 확장 및 균형이 필요한 시기

4학년 수학, 약점 살펴보기

▶4학년 도형에 중점을 두어야 하는 시기

- 곱셈과 나눗셈의 관계와 성질
- 도형 영역의 용어와 성질
- 삼각형, 사각형의 종류
- 막대 그래프, 꺾은선 그래프

영역	내용	체감난이도
수와 연산	- 다섯자리 이상의 수 - 몫과 나머지의 관계 - 분모가 같은 분수의 덧셈과 뺄셈 - 소수 세자리의 수의 이해 - 소수의 덧셈과 뺄셈	★★★ ★★★★ ★★★ ★★★★ ★★

수학 진짜 잘하는 법을 알려줄게요.

	- 다양한 변화의 규칙을 수로 나타내기	★★★
변화와 관계	- 각과 여러 가지 삼각형	★★★★
	- 삼각형과 사각형의 내각 크기	★★★
	- 여러가지 사각형	★★★★
	- 평면도형의 이동	★★★★★
	- 다각형과 정다각형	★★★
자료와 가능성	- 막대 그래프	★★
	- 꺾은선 그래프	★★

초등학교 4학년은 수학 학습의 다양성이 본격적으로 펼쳐지는 시기입니다. 특히 도형 영역, 그중에서도 평면 도형이 4학년 과정에서 가장 중요한 학습 내용이에요. 이와 관련된 새로운 수학 용어들이 대거 등장하기 때문에 그 용어들의 정확한 의미를 이해하고 적절히 활용하는 것이 매우 중요합니다.

Choice1. 올바른 연산 학습법 점검하기

4학년은 영역별로 학생들의 강점과 약점이 뚜렷하게 드러나기 시작하는 때입니다. 특히 '수와 연산' 파트, 즉 '연산' 학습에 '정확도' 외에 '속도'의 중요성이 더해지면서 많은 아이가 어려움을 겪기 시작하죠. 이때 계산 실수가 잦다고 해서 무작정 문제 풀이를 많이 하도록 강요하는 것은 매우 위험한 접근입니다. 이는 아이의 수학적 정서를 해칠 수 있으며, 실력과 무관하게 수학을 포기하게 만드는 가장 큰 원인이 될 수 있기 때문이에요.

4학년 2학기를 기점으로 아이들은 자연수의 사칙연산을 모두 배우게 됩니다. (5학년 1학기 첫 단원이 자연수의 혼합 계산이에요.) 그래서 가능하면 4학년 2학기가 끝나기 전에, 연산 원리 전반에 대한 오개념은 없는지, 정확도와 속도는 어떤 상태인지 확인해 볼 필요가 있습니다.

이때까지의 연산 학습 방법은 대부분 '연산 문제집'의 반복 풀이였을 겁니다. 구몬 수학과 같은 학습지를 한 아이도 있을 거고요. 기탄 수학과 같은 단계별 문제집 또는 출판사별로 나오는 학년별 연산 문제집을 푼 아이도 있겠죠. 그런데 이 연산 문제집을 푼 것이 과연 얼마나 효과가 있었을까요?

저학년 때부터 '연산 문제집'을 통해 하루에 2장씩이라는 학습 습관을 형성해 온 아이라면 최소한 절반 이상은 효과가 있습니다. 그런데 거기서 그치지 않고 교과서나 교과 문제집을 통해서 연산 원리에 대해 충분히 이해하는 과정이 선제적으로 있었

수학 진짜 잘하는 법을 알려줄게요.

고, 연산 문제집을 '숙달용 도구'로만 썼다면 100점짜리 활용입니다. 만약 (예를 들어) 3-1 과정을 처음으로 배우는 아이가 교과서 읽기나 개념서 학습은 패스하고, 연산 문제집부터 풀기 시작했다면? 생각보다 여러 부분에서 구멍이 있을 가능성이 높습니다. 앞서 설명드린 나눗셈이나 분수와 같이, 많은 아이가 오개념으로 익히기 쉬운 파트를 제대로 알고 있는지 확인하지도 않고 '답이 맞았으니 넘어가는 방식'으로 공부해 왔다면 말입니다. 그러니 지금부터라도 아이의 연산 학습 상황을 좀 면밀히 관찰할 필요가 있습니다.

올바른 연산 학습은 다음과 같은 방법으로 진행되어야 합니다.

단계별 추천 연산 학습법

1) 연산 원리 학습 단계(초 1, 2는 더욱 강조해야 합니다.)
　　교과서 읽기, 수학 사전, 영상, 교구 등을 통한 원리 이해,
　　수학 동화와 같은 스토리 접근법도 추천(저학년), 왜 이렇게 계산하는지(원리)에 대한 질문과 대답은 필수(고학년)

2) 숙달 단계

원리를 익힌 후 교과 문제집으로 확인. 구몬과 같은 드릴

형 문제집은 '테스트지'로 활용하는 것을 추천

3) 응용·독해 단계

특정 원리를 묻는 문제를 다양한 방법으로 접하는 단계로

수학 독해력, 신유형 문제집 등의 활용을 추천

기본적으로 연산 문제집은 문제집 간 난이도가 세분화되어

있지는 않습니다. 특히 구성이 같을수록 난이도는 거의 같다고

보시면 돼요. 교재마다 장단점이 있고 또 선생님마다 경험과 취

향이 다르기 때문에 추천 교재가 다른 것뿐입니다. 요즘은 특정

단계나 단원을 강조한 문제집도 다수 출간되고 있습니다. 아이들

마다 취약한 단원, 즉 집중 학습해야 하는 단원이 다르기 때문에

부족한 영역을 보완할 때 이런 문제집을 활용하시면 좋습니다.

수학 진짜 잘하는 법을 알려줄게요.

구성별 연산 문제집

구성	교재 이름
첫 연산서	소마셈, 원리셈
교과서형 연산서	쎈 연산, 개념+연산, 큐브 연산, 완자 공부력 계산
레벨형 연산서 (드릴서)	기적의 계산법, 기탄 수학, 만점왕 연산, 디딤돌 연산 수학, 빨강 연산
단원 특화 연산서 (분수, 소수, 구구단 등)	초등 수학 개념이 먼저다 시리즈, 바쁜 초등학생을 위한 빠른 시리즈
사고력 연산	팩토 연산, 응용 연산
상위권 연산	상위권 연산 960

3, 4학년은 연산의 완성도(정확도, 속도)를 높여야 하는 때이므로 이 시기에는 드릴형 문제집을 1~2권 집중적으로 푸는 것을 추천합니다. 단, 충분한 완성도를 보이는데도 습관적으로 풀게 하는 것은 지양해 주시고요.

초 4까지 만들어진 기본 연산 원리를 잘 이해하고 있다면 5, 6학년 이후에는 교과 문제집에 있는 연산 문제 연습만으로도 충분합니다. 하지만 계산 속도가 너무 느려서 수학 문제를 푸는 데 지장을 주는 상태이거나 연산 공식을 능숙하게 활용하게끔 하려는 목적이라면 초 5, 6학년, 중고생이라도 직전 학기 방학 때 집중적으로 연산 문제집을 풀리세요. 계산의 감(感)을 이어가는 것은 중요합니다.

연산 실수를 단번에 줄이는 방법

아이들의 연산 실수에는 여러 가지 원인이 있지만 대부분 집중력의 문제입니다. (아이는 실수라고 하지만 연산 원리를 '제대로' 몰라서 틀리는 경우도 있습니다. 그냥 요령으로만 푸는 경우이죠. 이럴 때에는 문제를 반복적으로 풀게 할 것이 아니라 '원리 학습'으로 돌아가는 것을 추천합니다.) 연산 집중력은 다음과 같은 방법으로 개선할 수 있습니다. 바로 **'블라인드 테스트'**입니다.

이 방법은 제가 수백 명의 아이들을 연산 실수의 늪에서 건져낸 방법인데요, 생각보다 간단합니다.

1) 우선 아이가 자주 실수하는 파트의 문제를 20개 정도 추려 내세요. (20 문제 정도이니 손으로 직접 써서 시험지를 만들어 주시면 됩니다.)

2) 그리고는 '시간의 한계를 두지 말고 최선을 다해서 실수하지 않도록 문제를 풀라'고 이야기하세요.

3) 아이가 문제를 다 풀었다면 이제 채점할 차례인데요, 절대

틀렸다/맞았다는 기호 표시를 시험지에 하지 마시고 눈으로만 채점해 주세요. 시험지에 어떤 표시도 하지 않는 것이 중요합니다.

4) 아이에게 시험지를 다시 돌려주며 총 20 문제 중 틀린 문제의 개수를 말해 줍니다. 그리고 모든 문제의 답을 다 맞힐 때까지 이 행동을 반복하겠다고 말씀하시는 거죠.

아이는 처음에 황당해할 겁니다. 보통의 시험은 풀고 난 후 채점해서 틀린 문제를 고치는 순서로 진행되잖아요? 이 시험은 본인이 어떤 문제를 틀렸는지 모르는 상태에서 틀렸다는 문제의 개수만큼 틀린 문제를 일일이 찾아서 고쳐야 해요. 당연히 아이는 "그런 게 어디 있냐?" 하며 반발을 합니다. 처음부터 미리 이야기하지 않았다며 하지 않겠다고 하는 아이가 있을 수도 있어요. 그러니 소모적인 논쟁을 방지하는 측면에서 시험을 보기 전에 미리 슬쩍 (하지만 분명하게) 약속을 하셔야 합니다.

"오늘 연산 공부는 이것을 '완벽하게' 푸는 것만 하자."

그리고 분명하게 '최선을 다해서 틀리지 않게 풀기'를 거듭 강조해 주세요. 처음에는 아이가 화를 낼 수도 (징징댈 수도?) 있지만 처음의 반발을 이겨내면 다음부터는 쉬워지니까 마음을 굳게 먹고 강력하게 밀어붙이셔야 합니다.

어찌되었든 이 테스트가 반복되면 아이는 '20 문제 블라인드 테스트'가 이런 방식으로 진행된다는 것을 알게 됩니다. 그리고 다음 시험부터는 20 문제를 한 번에 통과하기 위해서 온 신경을 쓰며 문제를 풀게 되지요. 한 번에 통과하지 못하면 어떤 문제를 틀렸는지를 찾다가 처음부터 모든 문제를 다시 풀게 될 수도 있다는 걸 지난 시험에서 경험적으로 알게 되었으니까요. 이해되셨나요?

이 활동은 아이의 '메타인지력'을 키우는 방법으로도 활용할 수 있습니다. 아이들이 연산 문제를 풀고 나서 내가 이 문제를 틀렸는지 맞았는지를 수학적인 감(感)으로 판단하는 것 또한 메타인지력의 일부이니까요. 순간적으로 집중력을 높이면서 수학 문제를 유심히 바라보는 습관을 형성하고, 실수하지 않도록 정성들여 문제를 푸는 습관을 단번에 만들어주는 방법이니 꼭 한번 실천해 보시기를 바랍니다.

수학 진짜 잘하는 법을 알려줄게요.

Choice2. 영역별 보충, 후행 학습하기

초 4부터는 '후행 학습'에도 관심을 기울여야 합니다. 1, 2학년의 연산이 부족했던 아이는 3학년 과정이 시작되기 직전부터 충분한 보완을 하여 구멍을 메꿀 수 있었지만 4학년부터는 '도형과 측정', '자료와 가능성' 등 다양한 영역이 추가되면서 아이들 간의 영역별 성취도가 차이 나기 시작하거든요. 어떤 아이는 연산에 약하고 어떤 아이는 도형에 취약할 수 있기 때문에 이러한 영역별 취약점을 발견하고 보완하는 것이 매우 중요합니다. 그렇다면 **수학 후행 학습은 어떻게** 해야 할까요?

일단 지난 과정에서 우리 아이가 어려워하고 부족했던 영역과 단원이 있었다면 그 부분만 다시 학습하도록 지도해주시면 됩니다. 예를 들어서 초 4 과정에서 자연수의 사칙연산을 모두 배우고 나서도 연산 실수가 잦은 상태라면 받아올림이나 받아내림의 원리를 잘 알고 있는지, 문제에서 나누는 수와 나뉘는 수를 제대로 구분하는지 등을 질문이나 문제를 통해서 면밀히 파악해 보시는 겁니다. 아이의 답변이 신통치 않거나 '잊어버렸다', '헷갈린다'고 하는 부분이 있다면 그 부분만 집중적으로 후행 설계를 해

주시면 되는 거죠.

부족한 영역의 기초 단원은, 앞에서도 한차례 소개했는데요, 다음의 QR코드를 통해 〈2022 개정교육과정 수학 연관 단원 맵〉에서 찾을 수 있습니다. 이 맵은 한마디로 수학 단원의 '지도'입니다. 각 수학 영역을 초중고까지 쉽게 후행 학습과 예습, 선행 학습을 할 수 있도록 연결해 놓았죠. 수학 교과서가 국정에서 검정으로 바뀌어도 각 학년군에서 배워야 하는 내용, 성취 기준은 동일하니까요. 연관된 단원을 현재를 기준으로 오르내리며 찾아보시면 됩니다.

그럼 **후행 학습은 언제** 해야 할까요? 만일 우리 아이가 부족한 영역이 있다면 학기 중인 지금보다 방학까지 기다렸다가 되돌아보는 것이 좋습니다. 그리고 주의하실 것은 꼭 '단기간'에 '핵심'만 보는 겁니다. 부족한 부분이 특정 학년의 일부 영역에 한정된다면 앞에서 설명해 드린 대로 그 단원만 복습하면 되는 거고요. 한 학기 전부라면 전체 내용을 빠르게 복습할 수 있는 얇은 교재를 선택해서 진행해야 합니다.

각 학년의 후행 학습은 3주 이상이 소요되면 안 됩니다. 방학이라고 해도 지금 하고 있는 공부의 흐름이 끊길 우려가 있고,

수학 진짜 잘하는 법을 알려줄게요.

이미 배운 내용이라 아이도 일부는 기억하고 있기 때문에 시간이 길어지면 길어질수록 생각보다 아이가 지루해할 수 있어요. 후행 학습 집중 기간에는 다른 과목 공부 시간은 조금 줄여주는 방식으로 수학만 빠르게 복습할 수 있는 공부 계획을 조정해주시면 더욱 좋습니다.

그렇다면 **어떤 교재로 후행**을 진행하면 좋을까요? 정답은 한 마디로 '기본 개념 문제가 충실하게 담겨 있는 2, 3단계 난이도의 문제집'입니다. 간혹 이미 배웠던 내용이고 '이왕 후행 학습을 하는 김에 제대로 해야겠다'는 생각으로, 현행 때는 풀지 못했던 '심화 문제집'으로 후행 학습을 시키는 분이 계세요. 이건 매우 잘못된 방법이므로 추천하지 않습니다.

후행을 하는 목적은 '이미 배웠지만 잘 모르는 부분을 다시 한번 짚고 넘어가는 것'입니다. 모르는 부분을 난도까지 높여서 공부한다면 아무리 이미 배운 내용이라도 아이가 과연 제대로 풀 수 있을까요? 아이 입장에서는 이미 배운 것을 다시 해야 된다는 것도 마음에 안 드는데 (하지만 꼭 해야 하는 과정입니다.) 배운 걸 못 풀어낸다면 (어려우니까요!) 더 속이 상하겠죠. 결국 아이는 후행 학습 자체를 거부하게 될 겁니다. 심한 경우는 스트레스로 인해 수학 공부 전체를 하지 않겠다고 떼를 쓸 수도 있어요. 무엇을 위해 후행 학습을 하는지를 다시 한번 생각한다면 누구나 정답을 떠올릴 수 있습니다.

우리 아이가 학기 중에 이미 풀었던 응용 수준(2, 3단계)의 문제집에서 부족한 부분만 발췌하여 풀게 하는 방법도 좋고요. '빠른 시간 내에 잘 풀어낼 수 있는 문제(집)'을 선정하는 것도 좋습니다. (새 문제집도 전체를 다 푸는 게 아니라 부족한 부분만 풀게 하면 됩니다.) 이처럼 적당한 수준의 문제집으로 필요한 부분만 빠르게 진행하는 것이 후행 학습의 기본 목적을 살리고 공부 부담도 더하지 않는 중요한 포인트라는 것을 꼭 알아두시기 바랍니다.

하나만 더! 만에 하나 현행 때 (답지 보고 여러 번 반복해서) 겨우겨우 풀었던 어려운 문제를 지금은 못 푼다고 해서 '후행 학습을 하는 김에 이 문제들도 다시?'라는 생각을 하신다면 멈춰 주세요. 현행의 심화 학습이라면 다음 학년에서 또 나올 가능성이 있습니다. 수학은 나선형이고 위계성을 가지고 있기 때문에 비슷한 내용을 묻는 난도 높은 문제는 앞으로 공부하면서 (중요한 유형이라면) 또 나오게 마련입니다. 그때 다시 풀어도 충분해요. 만약 나오지 않는다면 앞으로도 영영 볼 일이 없는 문제고요. 그런 문제는 잊어버려도 되니까 불안해하지 마세요. 후행 학습의 목적은 구멍을 메꾸고 넘어가는 것이기 때문에 심화 후행 학습까지 할 필요는 전혀 없습니다.

Choice3. 수행평가 역량 키우기

초 4부터는 수행평가에 대한 관심도 가져야 합니다. 초등에서도 과목마다 수행평가를 실시하고 있지만 학부모님들이 크게 관심을 두지 않는 경향이 있죠. 지금부터라도 관심을 가져야 하는 이유는 이 수행평가가 중고등 내신 시험에서 등급을 좌우할 정도로 중요한 비중을 차지하기 때문입니다. 같이 한번 살펴보시겠어요?

'**수행평가**'란 수업 시간에 습득한 지식, 기능이나 기술을 실제 생활이나 인위적인 평가 상황에서 얼마나 잘 수행하는지 혹은 어떻게 수행할 것인지를 관찰이나 결과물 등의 방법을 통해 종합적으로 판단하는 평가 방법입니다. 즉, 수업 시간에 배운 지식을 바탕으로 말하기, 쓰기 등을 수행하는 과정과 이 과정을 통해서 산출된 결과물을 평가하는 것이죠. 이것은 중고등학교 때도 중요한 평가 요소가 되기 때문에 초등학교 때부터 바른 학습 태도와 함께 준비해 나가는 것이 좋습니다. 또한 수행평가에 충실한 학생은 자연스럽게 수업 참여도가 높아지고, 결국 전반적인 학업 성취도의 향상으로 이어집니다.

초등 때는 '학습 과정 평가형', 즉 수업 과정 중의 평가가 주로 이루어집니다. 논술, 구술, 토론, 토의, 자기평가, 동료평가, 포트폴리오(수업 결과물이나 프린트 등을 수집해 놓는 것)와 같은 방식이죠. 그래서 학습 태도가 가장 중요합니다. 수업 중 바로 앉아 있기, 선생님을 잘 바라보면서 집중하여 수업 듣기, 모둠 수업 시 잘 참여하기, 바른 태도로 발표하기, 친구의 말 경청하기 등 '수업 참여 태도'를 선생님이 관찰하며 평가하는 방식이 주를 이루죠. 그래서 평소에 시험을 대비하듯이 준비한다기보다는 애초에 가장 중요한 '수업 태도'를 잘 갖추도록 지도한다는 생각으로 접근하시는 것이 좋습니다.

중등 이상으로 가면 수행평가는 학습 과정 평가형 외에도 '과제물 제출형', '시험형'도 자주 치르게 됩니다. 과제물 제출형은 프로젝트, 보고서처럼 기한이 주어지는 형태로서 개인 과제나 모둠 과제로 진행되는 것인데요, 기존에는 수행평가 항목 중 과제물 제출형의 비중이 가장 높았습니다. 특히 모둠 수업을 권장하는 분위기 속에서 프로젝트 결과물이나 보고서 작성 등을 모둠 과제로 실시해 왔죠. 하지만 학생들의 수업 외 활동이 너무 많고, 같은 모둠 안에서 과제의 기여도가 다름에도 모둠으로서 같은 점수로 평가를 받는 등 학생들 사이에서 형평성 논란이 지속적으로 제기되는 등 부작용이 많았습니다. (조별 과제 등 협력 학습의 과정에서, 아무런 노력이나 참여를 하지 않거나 다른 학생들의 기여 수준에 미치지 못하는 활동을 하는 사람을 '프리라이더'라고 해요.) 게다가 고등학교에서는 수행평가가 내신 성적에 절대적인 영향을 미치다 보니 과제물 제출형은 사교육 등 외부의 영향이 미칠 수 있는 여지가 있다는 판단하에 최근에는 학습 과정 평가형, 즉 수업 시간 내에 소화되는 수행평가로 많이 전환되고 있는 추세입니다. 시험형은 일명 '쪽지 시험'으로 불리는 형성 평가로서 가장 많은 '수학 수행평가'의 방식이에요. 주로 서술형 문제 풀이 형태로 정답과 함께 풀이 과정에 대한 평가가 진행됩니다.

이처럼 수업 중 학습 과정 평가, 시험형은 물론이고 과제물 제출형 조차도 수업 중 '과정 평가', 즉 수업 시간 내에 소화되는 수행평가로 전환되고 있다 보니 수행평가 시기와 범위, 방법 등을 미리 숙지하고 준비해야 합니다. 모르고 있다가 갑자기 수업 시간에 '오늘 수행평가 한다'는 이야기를 들으면 당황하게 되니까요. 하지만 미리 안다고 해도 수업 과정 중의 평가는 논술, 구술, 토론·토의 요소의 비중이 높기 때문에 이 모두를 단기간에 준비하기 어려운 것은 사실입니다. 그래서 평소에 '제대로 된 공부 습관 만들기'의 일환으로 초등부터 차근차근 준비하는 것이 좋아요. 수학 과목임에도 앞서 언급했듯이 '논술, 구술, 토론·토의' 즉, 말하기와 쓰기의 비중이 높다는 것에 주목해서 말입니다.

그럼 우리 아이들은 지금부터 어떤 준비를 해야 할까요? 다음은 제가 수년간 아이들을 가르치고 연구했던 수행평가 대비 해법입니다. 거창하게 생각하지 마시고 가정에서 하고 있는 활동에 하나씩 도입하는 형태로 시작하시면 좋아요. 예를 들어 초 2 때부터 꾸준하게 해온 수학 동화 읽기를 그 이후에도 지속한다거나 4장에서 자세히 소개하는 '쓰는 수학 공부', 바로 이어 소개할 '수행 능력 강화 기술 배우기' 같은 것을 취미로 해둬도 좋겠죠. 수행평가 준비가 쓸데없는 준비가 아니라 반드시 필요한 준비 과정이라고 생각한다면 틈틈이 해두는 것이 최선의 방법일 것입니다.

수학 진짜 잘하는 법을 알려줄게요.

- 수학자, 수학사, 수학 이론을 중심으로 한 수학적 배경지식 쌓기 ⇨ **꾸준한 수학 동화, 도서 읽기**
- 주간 단위로 배운 개념을 정확하게 이해하고 내 것으로 정리하기 ⇨ **수학 일기 쓰기로 시작**
- 서논술형 쓰기 능력 키우기 ⇨ **쓰는 수학 공부 하기**
- 주간 단위로 배운 개념에 대해 친구나 부모님 앞에서 설명하고 발표하는 연습하기
- 일상생활에서 수학과 실생활의 연관성 찾기
- UCC와 PPT 만들기, 자료 조사하기 등과 같은 수행 능력 강화를 위한 기술 배우기

프레젠테이션 자료 만들기

프리젠테이션을 위한 가장 기본 도구인 '파워포인트' 작성 연습을 시켜주세요. 프로그램을 열고 글상자를 작성하고, 이미지를 삽입하고, 이동시키고, 새 슬라이드를 추가하고 저장하는 등 가장 기본적인 방법만 알려주시면 됩니다. 그 외의 기능은 스스로 익히도록 하는 것이 좋아요. 파워포인트는 슬라이드 전환, 디자인, 애니메이션 등에 따라 기본적인 것부터 굉장한 퍼포먼스를 가진 것까지 결과물이 매우 다양합니다. 그렇기 때문에 직접 효과를 보며 배우고 싶은 기능을 찾아서 익히는 방법이 가장 좋습니다. 온라인상에서 다양한 예시를 찾아볼 수 있으니 아이와 함께 '잘 만든 자료'를 찾아보세요. 또는 유튜브에서 "PPT 잘 만드는 법", "멋있는 PPT" 같은 검색어를 넣어보면 다양하게 만들어진 파워포인트 자료와 만드는 방법까지 소개해 주기 때문에 아이가 흥미롭게 따라 할 수 있을 겁니다.

만약 디자인에 조금 더 신경을 쓰고 싶은 아이라면 '미리캔버스' 사용법을 미리 알아두는 것도 좋습니다. 미리캔버스는 저작권 걱정 없이 무료로 이미지와 폰트 등을 사용하여 디자인 창

작물을 만들어낼 수 있는 사이트예요. 무엇보다 사용 방법이 매우 쉽고 템플릿이 잘 만들어져 있어서 짧은 시간 안에 그럴 듯한 발표 자료를 뚝딱 만들 수 있습니다. 학생은 물론이고 성인들도 많이 활용하죠. 집에서 연습할 때나 학교에서 발표 자료로 쓸 자료를 만들 때에는 무료 버전으로도 충분히 잘 만들어낼 수 있으니 굳이 유료 결제를 하지 않아도 괜찮습니다.

영상 편집하기

'영상 편집 기능까지 굳이 배워야 할까?'라고 생각하는 분이 있으시죠? 그런데 중고등학교에 가면 의외로 영상 편집이 필요합니다. 많은 학교에서 수행평가로 UCC 만들기 등을 시행하기 때문이에요. 교육 유튜버로서 손쉽고 효과적인 기능을 가진 무료 영상 편집 프로그램을 몇 개 소개해 드리겠습니다. 각 프로그램 사용법은 유튜브나 블로그 등을 통해 간단하게 검색해 보시면 되고요. 다운로드 받으셔서 아이와 함께 직접 해보세요. 스마트폰으로 간단한 동영상을 촬영해서 각 프로그램을 이용해 편집한 후 인스타그램이나 유튜브에 업로드해 보시기 바라요. 아마 아이가 굉장히 좋아할 겁니다.

- 모바일 편집

캡컷(CapCut), VLLO(블로), 키네마스터(KineMaster)

- PC 편집

곰믹스, 브루(VREW), 필모라(Filmora)

필수예요!	추천해요!	선택 사항

• 연산 학습법 점검
• 영역별 보충,
  후행 학습
	• 블라인드 테스트 (연산
	  실수 개선 방법)
	• 수행 평가 역량 키우기
		• (수행 평가 대비)
		  컴퓨터 활용법 익히기

수학 진짜 잘하는 법을 알려줄게요.

• • •

초등 5학년:
개념의 심화와 도약을 준비하는 시기

5학년 수학, 약점 살펴보기

▶5학년 초등 수학의 핵심, 동시에 폭풍 속으로!

- 혼합 계산의 속도 차
- 약수와 배수
- 분수의 덧셈과 뺄셈
- 공식의 혼동
- 선대칭과 점대칭의 차이

영역	내용	체감난이도
수와 연산	- 자연수의 혼합 계산	★★★★
	- 약수와 배수 (최대공약수, 최소공배수)	★★★
	- 약분과 통분	★★★★
	- 분모가 다른 분수의 덧셈과 뺄셈	★★★★★
	- 분수의 곱셈	★★★
	- 소수의 곱셈	★★★
변화와 관계	- 두 양 사이의 대응 관계 이해하기	★★★★

도형과 측정	- 평면도형의 둘레, 넓이 구하기	★★★★
	- 합동의 의미	★★★
	- 선대칭과 점대칭의 의미와 구분	★★★★★
	- 직육면체와 정육면체의 성질	★★★
	- 어림하기	★★★
자료와 가능성	- 평균	★★★
	- 가능성	★★

초 5는 초 3부터 수학에 어려움을 느끼던 아이들이 실질적으로 수학을 가장 많이 그리고 완전히 포기하는 때입니다. 그런 만큼 초등 저학년보다 부모의 특별한 손길이 더욱 필요한 때이죠. 하지만 학부모님마저 아이의 수학 공부를 너무 쉽게 포기하는 것이 안타깝습니다. 아직 너무 이른 시기인데도 말예요. 만약 학부모님의 아이가 지금 중 2, 고 1이라면, 너무 목표를 높게 잡지 말고 현실적인 목표를 잡으라고 조언할 겁니다. 하지만 초 5는 누구에게나 가능성이 있는 때입니다. 그러니 우리 모두를 믿고 제대로 된 수학 공부를 시작해 보자고요.

수학 진짜 잘하는 법을 알려줄게요.

Choice1. 5학년 때 꼭 제대로 익혀야 하는 단원

초 5는 이전 학년의 학습을 총망라하면서도 중등 수학을 준비하는 중요한 전환기입니다. 우선 첫 단원인 '자연수의 혼합 계산'은 1~4학년에서 배운 사칙연산의 총결산이라고 할 수 있어요. 4학년 말까지 구멍 없이 자연수의 사칙연산을 잘 다져왔고 혼합 계산의 원리와 순서를 충분히 연습한다면 기본 연산 때문에 아이 발목이 잡히는 일은 없을 겁니다.

5학년 수학에서는 딱 한 가지만 기억하시면 돼요. '중 1 부분을 미리 배워 놓으면(선행 학습) 초 5 부분을 쉽게 할 수 있다'는 말에 현혹되지 않는 것! 사실은 반대로 초 5를 잘 다져 놓으면 중 1이 훨씬 쉬워진다는 것을 명심하셔야 합니다.

분수

5학년 수학의 가장 큰 특징이 '분수 연산의 본격화'이기 때문에 3학년 때부터 익혀 온 분수 개념을 다시 한번 정리하고 약수와 배수, 약분과 통분, 분수의 사칙연산 등은 분수 연관 단원의 흐름을 전체적으로 잘 이해하도록 지도하셔야 합니다. 계산 값을 구하는 알고리즘만을 익히고 기억하기보다는 개념이나 계산 방법의 의미와 원리를 충분히 이해할 수 있어야 한다는 것을 꼭 기억하세요. 특히 약수와 배수 단원은 뒤이어 나오는 약분과 통분을 비롯하여 분수의 덧셈과 뺄셈, 분수의 곱셈 등은 분수 연산의 기초가 되기 때문에 실수하지 않도록 충분한 이해와 연습이 수반되어야 합니다. 그리고 이 단원의 심화 문제까지 다룬다면 중1의 1학기 첫 단원인 소인수 분해, 최대공약수와 최소공배수는 물론이고 유리수의 계산 단원 문제까지 어려움 없이 잘 풀어낼 수 있다는 점도 알아두시면 좋겠습니다.

어림하기

또 하나의 중요 단원은 5학년 2학기에 나오는 '수의 범위와 어림하기'입니다. '이상', '이하', '초과', '미만' 들어보셨죠? 어른도 잘 쓰지 않으면 헷갈리는 부분인데 그걸 바로 초등 5학년 때 배우게 됩니다. 이 단원에서는 이 낯선 용어뿐만 아니라 '이상', '이하', '초과', '미만'을 나타내는 '크거나 같다', '작지 않다', '작거나 같다', '크지 않다', '크다', '작다'와 같은 표현을 배워요. 떨어져 있으면 잘 아는 것 같아도 문제 속에 들어가 있으면 많은 아이가 헷갈려 합니다. 또 수를 어림하는 방법으로 '올림', '버림', '반올림'도 배우게 되는데요, 이 부분은 초등 5학년 때 한번 배우고

수학 진짜 잘하는 법을 알려줄게요.

나면 교과서에서 다시는 만날 일이 없는 개념입니다. 다시 안 나오는데 아이도 마침 어려워한다면 잠깐 배우고 넘어가도 되겠지만(그래서는 안 됩니다만), '몇째 자리에서 반올림', '몇째 자리까지 나타내시오'와 같이 문제 속 조건이나 답을 표현하는 질문(문제의 마지막 부분) 등 다양한 방법으로 중등 이후에도 계속 나오기 때문에 반드시 제대로 익히고 넘어가야 합니다.

Choice2. 초등 심화의 필요성과 방법

초5 시기에 많은 학부모이 중등 선행 학습을 고민하시지만 저는 오히려 초등 과정의 심화 학습에 더 집중하라고 말씀드리곤 합니다. 단순히 진도를 앞서가는 것보다 현재 배우는 내용을 좀 더 깊이 있게 이해하고 다양한 문제 해결 방법을 고민하는 것이 훨씬 중요하기 때문이에요. 그런 의미로로 5학년부터는 현재 우리 아이가 풀고 있는 **'기본 문제집'＋1 수준인 '도전 문제집'보다 난도가 조금 더 높은 문제집에 도전해 보는 것을 권합니다.**

최고난도 문제집으로 불리는 《1등급 수학》, 《블랙라벨》, 《수학의 정석 실력편》등을 중고등 때 어느 정도 풀기 위해서는 사실 초등 때 《디딤돌 초등수학 최상위수학》에 도전해 본 경험이 있어야 합니다. 물론, 모든 아이가 내신, 수능 1등급을 목표로 할 수는 없습니다. 하지만 꼭 기억하셔야 할 것은 '초등 때 최상위 수준을 '전혀' 풀지 못했던 아이가 중고등 때 1등급 수학, 실력 정석을 '수월하게' 풀 수는 없다'는 겁니다.

제가 말씀드리는 '경험'은 '완벽히 소화했다, 90% 이상 풀었다'는 의미가 아닙니다. 또한 '초등 때 수학을 못했던 아이는 중고등 수학을 당연히 못하는 것이냐'고 오해하지도 말아주세요. 그보다는 일단 **자신의 수준에서 어려운 문제에 '도전해 봤다', '잘 안 풀리는 문제지만 충분히 고민해 봤고 그중에서 한두 문제를 풀어낸 경험이 있어야 한다'**는 것을 의미합니다.

(자신의 수준에서) 어려운 문제를 해결해 본 경험이 없는 아이는 포기에 대한 역치값이 상당히 낮습니다. 조금만 어려워도 바로 포기해요. 중등 이후에 아이들의 수학 실력이 오르지 않는 가장 큰 이유는 '수학은 공부해도 결국 안 된다'는 생각 때문입니다. 수학 효능감이 매우 낮은 상태인데, 이런 자세로는 힘들고 어려운 중고등 수학을 버텨내기가 힘듭니다.

그렇다면 어떻게 심화 문제를 경험하게 할 수 있을까요? 초등 수학의 대표적인 '심화 문제집'인《디딤돌 초등수학 최상위수학》을 풀어보게 하는 것이 가장 간단한 방법이지만, 그 문제집을 풀 수 없는 아이라면 그보다 한 단계 낮은 수준으로 시작해도 좋습니다. (수준별 추천 문제집은 207p.을 참고하세요.)

또는 심화 문제집이 아닌 사고력 문제집으로 아이의 학년보다 1~2단계 낮춰 도전하는 것도 한 방법입니다. 5학년인데 한 번도 사고력 수학 문제집을 다뤄보지 않은 아이라면 사고력 문제 유형에 익숙하지 않을 수 있으므로 가장 대표적인 사고력 문제집인《영재사고력수학 1031》입문편(권장 학년이 4학년 이하이므로 초5라면 다소 쉽게 느껴질 수도 있습니다.)이나《디딤돌 초등수학 최상위 사고력》3, 4학년용을 풀리시면 돼요. 이 문제집을 풀릴 때에는 아이가 자신 있어 하는 영역(연산, 도형 그 무엇이든)을 중심으로 하루 1페이지씩 부담 되지 않는 선에서 꾸준히 학습을 시키세요. 물론 '대놓고 사고력 문제집'이 조금 부담스럽다면《문제 해결의 길잡이 원리》,《수능까지 이어지는 초등 고학년 수학 개념편》등을 풀게 하셔도 됩니다. 포인트는 평소 교과 문제집에서 풀어보지 않은, 아이 수준보다 난도가 있는 문제를 하루 3~5개씩만 생각해 가며 풀어보는 경험을 꼭 하게 해야 한다는 겁니다. 이렇게 하면 부담 없이 심화를 접하게 할 수 있습니다.

이를 통해 '어? 이거 친구들이 어려운 문제집이라고 했는데 해볼 만하네? 나도 노력하면 어려운 문제를 풀 수 있구나?'라는 경험을 최소한 중등 전에는 꼭 해봐야 합니다. 왜냐하면 이 방법을 통해서 수학을 잘하는 아이들의 가장 중요한 특징 중 하나인, '자기 효능감'과 '문제 집착력'을 조금이라도 키워갈 수 있기 때문이에요. 아이들은 해볼 만하다고 느끼는 순간부터 수학이 조금씩 좋아지거든요. 그리고 좋아하면 잘하고 싶어집니다. 그 선순환, 아실 거라 생각돼요.

Choice3. 오답 관리하기

오답 관리도 이제는 체계적으로 해야 합니다. 수학 공부의 80%는 개념 학습과 오답 관리에서 이루어진다고 해도 과언이 아니기 때문이에요. **오답 관리란 단순히 틀린 문제를 다시 한번 푸는 수준을 넘어서 왜 틀렸는지, 어떤 개념을 잘못 이해했는지를 깊이 있게 분석하는 것입니다.** 오답 관리의 도구로 우리 모두에게 익숙한

수학 진짜 잘하는 법을 알려줄게요.

오답 노트는 전 과목을 공부하는데 있어서 그동안 필수로 여겨졌습니다. 하지만 만들기도 어렵고 또 만드는 데만 급급하여 제대로 활용하는 사람이 많지 않았죠. 설령 잘 활용한다고 하더라도 만들기가 번거로워서 초등 저학년과 중학년 아이에게는 적용하기 어려운 것도 사실이고요. 게다가 여러분이 계속 틀린 문제를 오리고 붙여서 아이에게 오답 노트를 만들어 줄 수도 없는 노릇입니다.

하지만 그럼에도 오답을 통해 자신의 잘못된 학습 습관이나 오개념을 바로잡고 고쳐 나가는 과정은 반드시 필요해요. 그렇다면 이 오답 노트 대신 오답을 효과적으로 관리할 방법은 없는 걸까요?

해답은 2가지. **'기본 문제집'**을 활용하고 **'오답 봉투'**를 만드는 것입니다. 먼저 기본 문제집은 1차 오답 관리 단계에서만 활용합니다. 틀린 문제를 모두 다 잘라서 노트에 붙일 수는 없기 때문에 우선은 문제집에다 틀린 문제를 다시 풀게 하는 거예요. 그러고는 다시 채점합니다. 1차 오답 결과 다시 풀어서 맞힌 문제는, 처음에 왜 틀렸었는지 최대한 자세하게 문제 번호 옆 쪽에 따로 적게 하세요. 나중에 원인을 모아서 볼 겁니다. 그리고 이번에도 틀린 문제는 해당 단원의 개념을 교과서나 개념서에서 찾아보고 다시 공부하게 합니다. 그러고 나서 1차까지도 틀렸던 문제만 2차로 다시 풀어보는 거죠. 그래도 모르는 문제라면 해설지를 보면서 다시 풀게 (3차) 합니다. 오답 봉투에 들어갈 문제는 기본 문제집에 오답 원인을 기록한 1차 오답을 제외하고 추가 공부를 해서 문제를 풀었던 2차 오답 문제부터가 그 대상입니다.

풀이 ⇨ 1차 오답 ⇨ 이번에는 맞힌 문제 ⇨ 처음에 틀린 이유 적기
　　　　　　 ∟, 이번에도 틀린 문제 ⇨ 다시 공부
　　 ⇨ 2차 오답
　　 ∟, 이번에도 틀린 문제 ⇨ 해설지 보기 ⇨ 3차 오답
　　　　　　　　　　　　　　　　　　 오답 봉투에 넣을 문제

오답 봉투는 오답 노트가 가장 나쁘게 활용되는, 다시 말해 '해설지를 따라 풀이 과정을 옮겨 적는 노트'로 전락하는 것을 방지하기 위한 대안입니다. 풀질을 하지 않아서 만들기도 훨씬 쉽지요. 게다가 풀었던 문제 순서가 아니라 무작위로 뽑아 푸는 형태이기 때문에 독립적인 문제 풀이도 가능해요. (기억력이 좋은 아이는 틀린 문제 순서대로 풀이 방법을 떠올리거나 답을 기억하기도 하

　　　　　　　　　　　　수학 진짜 잘하는 법을 알려줄게요.

거든요.) 오답 노트의 최우선 취지인 '틀린 문제들을 모아 놓는다' 는 것은 오답 봉투로도 충분하기 때문에 여러모로 효율적인 오답 관리 방식이라고 볼 수 있습니다.

오답 봉투에 들어갈 문제를 자르는 과정은 오답 노트를 만들 때와 동일합니다. 뒤쪽에 인쇄돼 있는 문제가 필요하지 않다면 그대로 문제 부분을 잘라주세요. 만일 양쪽 문제가 다 필요하다면 한쪽은 복사를 하거나 따로 적어야 하는데 최근에는 블루투스로 작동하는 모바일 프린터기가 보편화되어서 휴대폰으로 사진을 찍고 인쇄까지 간편하게 할 수 있습니다. 이런 방법으로 대상 문제를 모두 잘라서 준비합니다. 단, 문제만 잘라내기 때문에 나중에 채점을 하기 위해서 문제 뒷면에는 어느 문제집의 몇 번 문제인지를 정확하게 써 두어야 해요. 그러고는 서류 봉투나 다 쓴 휴지 상자를 준비해서 오려낸 모든 문제를 그 안에 넣습니다. 이렇게 하면 '오답 봉투' 준비는 끝입니다.

이렇게 만든 오답 봉투는 이제 본격적으로 활용되기 시작할 겁니다. 자투리 시간이나 정해진 복습 시간에 봉투 속 문제를 무작위로 꺼내서 풀게 하면 돼요. 단, 주의할 점은 봉투 안에 넣는 문제의 범위가 '1단원', '중간고사 범위'와 같이 구분이 명확해야 한다는 겁니다. 또 가능하면 3개 단원을 넘지 마세요. 이 기준이 없으면 중간고사 대비를 위해 오답 풀이를 하고 싶은데 그 봉투 속에 지난 기말고사 문제가 섞일 수도 있게 됩니다. 구분 없이 넣다 보면 양도 너무 많아져요. 그러니 목적이나 기간, 범위마다 따로따로 봉투를 만드세요.

오답 봉투는 '무작위로 문제를 뽑아서' 푸는 방식이기 때문에 유형 암기식 공부를 해온 아이들에게 저절로 '비유형' 방식으로 문제 푸는 연습을 시켜 줍니다. 중고등 이후 많은 아이들이 내신 시험 대비를 위해서 '유형 문제집'을 많이 푸는데요, 하나의 유형 설명 아래 같은 개념을 적용하는 유제들이 여러 개 나오는 '유형 문제집'은 개념 적용 연습을 반복하여 숙달한다는 긍정적인 측면은 있습니다. 하지만 문제를 풀기 위해 어떤 개념을 어떻게 적용해야 할지 굳이 생각하지 않아도 그대로만 풀면 답을 낼 수 있는 구성이에요. 그래서 자칫 문제와 풀이법을 짝지어 암기할 우려가 있죠.

하지만 학교 시험은 유형 순서대로 출제되지 않고 비유형 방식으로 출제되기 때문에 암기식 공부를 해온 아이들은 바로 그

한계가 드러납니다. 평소에 문제를 풀 때마다 어떤 개념을 어떻게 적용하면서 풀어야 할지 고민해야 하는데 그런 연습이 전혀 되어 있지 않기 때문입니다. 그런데 오답 봉투는 비유형 학습을 할 수 있는 기회까지 제공해 줍니다. 오답도 해결하고 시험 대비도 하니 그야말로 일석이조가 아닐까요?

Choice4. 쓰는 수학 공부 시작하기

5학년부터는 수학적 사고 과정을 글로 표현하는 연습도 필요합니다. 즉 **개념 학습부터 풀이 과정, 오답 관리까지 전방위에 걸쳐 '쓰는 수학 공부'를 시작해야** 하죠. 중등 때는 초등보다 더 풀이 과정을 논리적으로 서술하는 능력이 중요해집니다. 일단 앞에서 설명한 '수행평가'는 물론이고 서·논술형 내신 시험에 대비하기 위해서라도 쓰는 수학 공부는 필수예요. 또한 정확한 풀이를 위해서도 쓰는 수학 학습은 매우 중요하죠.

아이들이 풀이 실수를 하는 대부분의 이유는 쓰면서 하는 수학 공부가 정착되지 못했기 때문입니다. 많은 아이들이 문제를 풀 때 교과서나 문제집의 좁은 구석에 마치 암호를 적어 두듯이 자신만 알아볼 수 있게 끄적이며 풀이를 합니다. 그마저도 풀이라고 불릴 수 있는 것이 있고 그냥 낙서처럼 보이는 것도 있어요. 당사자도 본인의 풀이가 제대로 쓰였는지 전혀 알아볼 수 없을 정도이니 당연하게도 써놓은 숫자가 0인지 6인지도 잘 구분하지 못합니다.

이 습관을 제때 고쳐주지 않으면 그 상태 그대로 중고등학생이 될 겁니다. 그리고 실력이 있어도 지필평가나 수행평가에서 착각하거나 실수해서 감점이 되는 것은 불 보듯 뻔한 일이에요. 그제서야 사태의 심각성을 알고 바꾸려고 해도 이미 습관으로 굳어졌기 때문에 고치기가 굉장히 어려울 겁니다. 시간이 지난다고 저절로 되는 것은 없으니까요. 최소한 나쁜 습관이 들지 않도록 초등 고학년 때부터는 풀이 과정을 잘 적는 '풀이 노트' 쓰는 습관을 들여 주시기 바랍니다.

처음부터 여러분이 바라는 대로 '줄이 없는 연습장에 한 페이지에 2 문제씩 줄 맞춰 예쁘게' 풀이를 적는 아이는 없습니다. 그걸 기대하기보다는 막 휘갈겨 쓰거나 구석에 조그맣게 (알아보지도 못하게) 적더라도 교과서나 문제집이 아니라 '연습장'에다 푸는 것 자체를 훈련시켜야 합니다. 그게 1단계예요. 그다음에 문

수학 진짜 잘하는 법을 알려줄게요.

제집에 있는 일부 '서술형 문제'의 풀이만이라도 꼭 노트에 적게 하세요. 애초에 서술형 문제는 문제집 자체에 풀이 과정을 적는 여러 칸(줄)이 있지만 '서술형 문제'이니 우리만의 규칙으로 삼아서 '무조건 이 문제만은 노트에 풀기'로 약속하는 거죠.

그런데 만약, 쓰는 방법을 전혀 모르는 아이라면 해설지의 '서술형 답안'을 그대로 옮겨 적는 연습을 시키셔도 됩니다. 처음에는 그냥 베끼는 정도지만 그것도 반복되면 ('서당 개 3년'처럼) 흉내는 낼 줄 알게 되거든요. 그러고난 다음에야 연습장을 4등분해서 한 칸에 한 문제씩(한 페이지에 총 4문제) 모든 문제 풀이를 노트에 하도록 지도하세요. 이 단계까지 오면 문제집에 끄적이던 버릇만은 완벽하게 고쳐졌을 겁니다.

이렇게 태도를 바꾸고 난 후에야 비로소 줄글 노트에 논리적인 풀이 과정을 쓰게 하는 연습이 가능합니다. 풀이의 완성 기준은 1) 누구나 숫자를 알아볼 수 있게 적을 것 2) 푼 문제가 틀렸다면 본인이 적은 풀이를 되짚어가면서 틀린 곳을 찾아낼 수 있을 것, 이 두 가지입니다. 해설지의 답안이 깔끔하고 논리정연하긴 하지만 꼭 그것 만이 정답은 아닙니다. 아이의 풀이를 최대한 존중해 주시고 논리적인 오류가 없다면 충분히 칭찬해 주세요. 기껏 열심히 적은 풀이 과정을 보고 "이건 틀렸잖아.", "저렇게 써야지." 하면서 해설지가 정답인 양 수정을 요구하면 지금까지 어렵게 만들어온 '쓰는 수학 공부 습관'이 송두리째 흔들릴 수 있기 때문입니다.

필수예요!	추천해요!	선택 사항
• 분수 단원 제대로 익히기 • 심화 학습 하기 • 오답 봉투 만들기 • 쓰는 수학공부	• 어림하기 단원 제대로 익히기	• 중등 선행 시작하기

수학 진짜 잘하는 법을 알려줄게요.

- - -

초등 6학년:
초등 수학의 완성과 중등 수학의 시작

6학년 수학, 약점 살펴보기

▶6학년 초등 과정 마무리, 예비 중등!

- 비와 비율의 의미
- 비례식, 비례배분의 개념과 공식
- cm, cm², cm³의 차이
- 도형 문제 전반

영역	내용	체감난이도
수와 연산	- 분수의 나눗셈 - 소수의 나눗셈	★★★ ★★★★
변화와 관계	- 비와 비율 - 비례식의 이해 - 비례배분	★★ ★★★★ ★★★★

도형과 측정	- 각기둥과 각뿔의 성질	★★★
	- 공간과 입체	★★★★
	- 여러가지 입체도형	★★★
	- 겉넓이와 부피	★★★
	- 원주율과 원의 넓이 구하기	★★★★★
자료와 가능성	- 비율 그래프 (원 그래프, 띠 그래프) 그리기	★★

초등학교 6학년은 초등 수학의 대장정을 마무리하는 동시에 중등 수학으로의 연결 측면에서 매우 중요한 시기입니다. 그동안 배운 내용의 완성도를 높이고 부족한 영역을 보충하며 앞으로 배울 내용을 준비하는 종합적인 접근이 필요합니다.

Choice1. 초등 전체 과정 중 부족한 영역 점검하기

초등 과정을 어느 정도 끝낸 아이는 중등 선행 학습을 시작하면서 영역별로 정리된 문제집으로 부족한 영역의 전체적인 점검을 하는 것이 좋습니다. 특히 초등 수학의 핵심이라 할 수 있는 분수 영역은 별도의 문제집으로 한 번 더 정리하는 것을 추천해 드려요. 최근에는 '분수'를 비롯하여 특정 영역만 정리한 문

수학 진짜 잘하는 법을 알려줄게요.

제집이 출판사별로 많이 출간되고 있기 때문에 선택지가 매우 넓습니다.

영역	추천 문제집
구구단	바쁜 초등학생을 위한 빠른 구구단, 툭 치면 바로 나오는 기적특강 구구단, 초끝 저절로 구구단
곱셈	초등수학 곱셈 개념이 먼저다, 바쁜 3, 4학년을 위한 빠른 곱셈
시계 보기	바쁜 초등학생을 위한 빠른 시계와 시간, 초능력 수학 시계 달력, 초끝 스스로 시계+달력+계획표
쌓기나무	초등수학 쌓기나무 개념이 먼저다
나눗셈	초등수학 나눗셈 개념이 먼저다
분수	초등 분수 개념이 먼저다, 바쁜 3, 4학년을 위한 빠른 분수, 기적특강 분수 연산, 초능력 수학 연산 분수
소수	초등 소수 개념이 먼저다, 바쁜 3, 4학년을 위한 빠른 소수
비와 비례	초등수학 비와 비례 개념이 먼저다, 바쁜 초등학생을 위한 빠른 비와 비례

주의할 것은 대개의 문제집이 각 단원(개념)의 학습 분량을 비슷하게 조정하고 있기 때문에 굳이 필요 없는 부분과 더 연습해야 할 부분의 강약 조절이 쉽지 않다는 겁니다. 그래서 필요한 부분만 발췌해서 활용하시는 걸 추천드려요. 항상 강조하지만, 문제집은 어디까지나 학습 도구일 뿐입니다. 우리 아이에게 부

족한 개념이 있다면 그 부분을 반복해서 풀게 하거나 여러 문제집의 '그 단원'만 따로 풀게 해서 반드시 이해하고 넘어가야 합니다. 잘 알고 있고 잘 틀리지 않는 부분까지 굳이 풀게 할 필요가 없어요. 초등 수학을 마무리하는 시점에서는 최대한 효율적이고 효과적인 학습 계획을 세워서 실천하는 것이 중요합니다.

또한 이때는 그동안 보관해 온 교과서와 기본 문제집이 매우 유용하게 활용될 수 있습니다. 특히 6개월 내지 1년의 선행 학습을 꾸준히 해온 아이라면 6학년 여름방학에 그동안 공부했던 교과서와 기본 문제집으로 초등 수학을 총정리할 수 있습니다. 선행 학습 스케줄에 따라 6학년 2학기까지 모두 마친 상태이니 타이밍도 딱 좋죠. 여름방학은 3주 남짓인데다 그마저도 여름 휴가나 학원 보충 등을 생각하면 굉장히 짧은 시간입니다. 이때는 거창한 학습 계획으로 무리해서도 안 되고 학기 중 잘 만들어 온 학습 습관을 무너뜨릴 정도로 푹 쉬어서도 안 됩니다. 그 대신 교과서와 기본 문제집 속 '나의 학습 기록'을 바탕으로 부족한 부분을 거꾸로 메꿔 가는 후행 학습 중심으로 시간을 보내는 것이 좋습니다.

앞서 추천해 드린 영역별 문제집으로 점검하는 것에 더해서

'내가 실제로 부족했던 영역'을 눈으로 확인하고, 지금 시점에서는 그 부분을 이해하고 있는지 (위 학년 과정을 배우면 자연스레 아래 학년에서 이해 못 했던 부분을 이해할 수 있기도 합니다.) 만약 그때도 이해하지 못했던 부분을 지금도 잘 모르겠다면 다양한 방법으로 메꾸고 중학교에 올라갈 수 있도록 구체적인 학습 계획을 세울 수 있습니다. 그러니 학년이 끝나도 교과서와 기본 문제집은 꼭 보관하도록 하세요.

Choice2. 6 학년 때 꼭 제대로 익혀야 하는 단원

분수의 나눗셈

분수의 사칙연산 중 가장 마지막에 배우는 '나눗셈'은 계산 자체로만 보면 '곱셈 기호 뒤의 분수를 뒤집어서 곱한다'로 크게 어렵지 않지만 계산 원리를 정확하게 알고 넘어가는 아이는 생각보다 많지 않습니다. 이 부분은 사실 그림으로 설명하는 것이 가장 쉽지만 추론 과정을 통해 아이가 직접 이해하는 방법을 추천드려요. 그 실마리는 바로 나눗셈의 '포함제' 개념을 활용하는 것입니다. 다음의 내용처럼 학교에서 피자 몇 판을 친구들과 나눠 먹는 상황을 상상하며 아이와 대화를 나눠보세요.

Step 1. 자연수의 나눗셈에서 시작합니다.

Q) 8÷2, 즉 8에는 2가 몇 번 들어갈까?

A) 4번

Step 2. (자연수) ÷ (분수)로 개념을 확장해 주세요.

Q) $4 \div \frac{1}{2}$, 즉 4에는 $\frac{1}{2}$ 이 몇 번 들어갈까?

A) 8번

Step 3. 이후 (나누는 분수)를 다양한 단위 분수 ⇨ 진분수로 확장하면서 포함제 나눗셈의 원리가 익숙해지도록 천천히 연습시켜 주세요.

Q) $4 \div \frac{1}{3}$, 즉 4에는 $\frac{1}{3}$ 이 몇 번 들어갈까?

A) 12번, (Step 2의 $\frac{1}{2}$ 보다 더 작은 $\frac{1}{3}$ 이 포함되어야 하므로 답은 커진다는 설명을 해 주세요.)

Q) $20 \div \frac{1}{3}$, 즉 20에는 $\frac{1}{3}$ 이 몇 번 들어갈까?

A) 60번

Q) $20 \div \frac{2}{3}$, 즉 20에는 $\frac{2}{3}$ 가 몇 번 들어갈까?

A) 30번 (위 식의 $\frac{1}{3}$ 보다 더 큰 $\frac{2}{3}$ 가 포함되어야 하므로 답은 2배만큼 작아진다는 것을 설명해 주세요.)

수학 진짜 잘하는 법을 알려줄게요.

Step 4. 아이에게 원리를 물어보세요. '역수를 곱한다'가 아니라 놀랍게도 아이의 입에서 (결국 같은 말이지만) '분모로 곱하고 분자로 나눈다'는 말이 나오면 완성입니다.

분수 곱셈에서 가장 흔한 아이들의 오개념 중 하나가 자연수의 곱셈처럼 분수의 곱셈 계산 결과도 항상 그 수가 커진다고 생각하는 겁니다. 나눗셈에서도 마찬가지의 오개념(분수의 나눗셈의 결과도 항상 그 수가 작아진다)이 가장 흔하게 나타나는데요. 이 생각은 (나누어지는 수) ÷ (1보다 큰 분수)의 계산에서는 맞다고 볼 수도 있지만 '(나누어지는 수) ÷ (1보다 작은 분수)'는 원래 수보다 항상 큽니다.

이처럼 아이들이 오개념을 갖는 있는 이유는 자연수 나눗셈의 의미와 분수 나눗셈의 의미를 혼동하기 때문이에요. 그림으로 설명하면 더 정확히 이해할 수 있으니 분수 이해가 어려울 땐 수직선, 원, 테이프 모양을 그려서 항상 확인하는 습관을 갖게 하면 좋겠습니다.

　6학년에서 배우는 '비와 비율', '비례식과 비례배분'은 특별히 주목해야 할 단원입니다. 비와 비율은 우리의 일상생활에서 가장 많이 쓰이고 있는 수학 개념이기 때문인데요, '생활 속 수학 학습'의 일환으로 주변 상황이나 소재를 강조할 때 빠지지 않는 예시, 곧 마트에서의 물건 값 비교, 할인 전단지 활용, 요리 레시피의 비율 등이 바로 일상 속의 비와 비율 개념입니다. 이 단원에서는 비와 비율의 의미를 이해하고 초 5 때 배운 두 양의 관계 〈규칙과 대응〉을 분수, 소수, 백분율로 나타내는 방법을 배웁니다. 또한 직관적으로 비와 비율을 파악해 보는 방법과 기하적 상황에서 비와 비율을 구하는 활동을 통해서 수학의 전 영역에서도 이 개념을 자유롭게 활용할 수 있게 되죠. 이 단원에서 배운 내용은 2학기의 '비례식과 비례배분'과 함께 중학교에서의 함수 및 확률과 통계 학습의 기초 개념이 됩니다. 비록 초등 이후에는 동일한 형태로 다시 등장하지 않지만 중등 이후 수학의 핵심적인 기초 개념이므로 확실한 이해와 충분한 연습이 필요합니다. 특히 용어와 성질에 관해서 제대로 익힐 수 있게 지도해 주시기 바랍니다.

Choice3. 자기주도학습의 틀 잡기

자기주도학습의 틀을 갖추는 것도 이 시기의 중요한 과제입니다. 이미 습관이 형성된 아이라면 더할 나위 없지만, 그렇지 못하다면 이제부터라도 스스로 학습을 계획하고 실천할 수 있는 능력을 키워야 해요.

초등 고학년은 보편적으로 아이들의 사춘기가 시작되는 시점이기 때문에 이 시기를 놓치면 안 됩니다. 사춘기 이후에는 여러 가지 이유로 부모의 손길이 아이에게 닿기 어려워지기 때문이에요. 아이는 아직 혼자 공부할 수 있는 능력도 갖추지 못한 상태인데 부모님의 간섭도 싫어하기 때문에 결국에는 '학원 주도 학습' 외에는 선택할 수 있는 것이 없습니다. 한마디로 학원이 없으면 스스로 공부하지 못하는 아이가 되는 거죠.

실제로 중고생 중에는 자습 시간이 주어져도 뭘 공부해야 할지, 어떻게 공부하는 건지 모르는 아이가 생각보다 굉장히 많습니다. 스스로 공부해야 할 것, 챙겨야 할 것이 엄청나게 늘어나서 자기주도적인 선택이 연속적으로 필요한, 그야말로 매사가 시간 싸움인 때인데도 말입니다.

자기주도적인 아이가 되기 위한 첫걸음은 우선 일부라도,

아이가 '자신의 공부의 주인공'이 되는 것입니다. 혹시 지금 우리 아이의 학습은 누가 주도하고 있나요? 만약 학부모님이 주도하고 계시다면 이제라도 아이에게 선택권을 하나씩 넘겨주는 연습을 하셔야 합니다. 예를 들어 공부할 과목의 순서, 과목별 공부 시간 (시작 시간) 등의 하루 계획부터 교재 선택 등 학습 방법까지 일부라도 아이가 직접 선택하도록 해야 해요. (단, '안 하는 선택은 없다'고 반드시 못 박으셔야 합니다.) 또는 학원이 아이 공부를 주도하고 있다면 학원 수업 외에 추가로 (너무 부담이 되지 않는 선에서) 할 수 있는 학습 영역을 만들도록 지도해 주셔야 합니다. 예를 들어, 학교나 학원에서 배운 새로운 개념을 자신만의 방식으로 정리한다거나 틀린 문제들을 따로 오답 봉투에 모아 복습하는 등 하루에 딱 5분만 투자하면 할 수 있는 추가 학습을 스스로 계획할 수 있도록 지도해 주세요.

자기주도학습은 사실 계획이 반이고, 잘 세운 계획을 실행하는 것이 반입니다. 물론 계획하기 위해 준비해야 할 것, 실행한 후 다음 실행을 위한 준비 과정 등 세부적으로 따지면 훨씬 더 많은 단계가 필요하지만 큰 틀에서는 '좋은 계획과 망설임 없는 실천'이 거의 전부라고 할 수 있죠. 좋은 계획은 '자신에 대해 잘 아는 것'(그래서 우리 아이의 수학에 대한 감정과 성취도를 파악하기 위한 방법으로 71p.의 테스트를 진행했습니다.), 그것을 바탕으로 실현 가능한 목표를 달성하는 것입니다. 그 구체적인 방법은 저와 권태형 소장님의 공저인《공부 독립》에 자세하게 나와있으니 꼭 한번 읽어보셨으면 좋겠고요. 여기서는 초등을 마무리하며 꼭 갖춰야 할 '시간 관리 능력'에 대한 이야기를 해보겠습니다.

시간 관리를 직접 해본 경험이 없는 아이는 공부를 시작할 때마다 막막함을 느낍니다. 무엇부터 시작해야 할지, 얼마나 시간을 투자해야 할지 몰라서 방황하다가 결국 중요한 과제를 제때 끝내지 못하는 경우가 많죠. 특히 수학과 같이 꾸준한 학습이 필요한 과목에서는 이러한 문제가 더욱 두드러지게 나타납니다.

이처럼 시간 관리가 잘되지 않으면 일의 우선순위가 흔들리기 시작합니다. 당장 눈앞의 학교 과제, 학원 숙제를 끝내는 데에만 급급하다 보면 정작 중요한 매일의 개념 학습은 뒤로 미루게 되고, 결국 목표했던 학습량을 달성하지 못하는 것은 물론. 나중에는 그 내용이 기억나지 않아 더 많은 시간을 투자하게 됩니다. 이는 단순히 그날의 공부가 밀리는 것에 그치지 않고, 장기적으로 학습의 완성도와 성취도에도 엄청난 악영향을 미치게 돼요.

이러한 문제를 해결하기 위해서는 작은 것부터 시간 관리를 시작해야 합니다. 처음에는 하루 15~20분의 짧은 시간을 정해 놓고 그 시간만큼은 반드시 계획한 공부를 순서대로 하는 습관을 들이는 것이 좋아요. 이때 중요한 것은 시간의 양이 아닌 목표로 한 계획을 실천하는 것입니다. '오늘은 4시부터 4시 20분까지 수학 문제 5개를 풀겠다'와 같이 구체적인 목표를 세우고 이를 실천하는 경험을 쌓아야 합니다. 초등학교 고학년, 특히 중학교 입학을 앞둔 6학년 때에는 이러한 시간 관리 능력이 더욱 중요해집니다. 중학교에서는 여러 과목을 동시에 관리해야 하고 과목별로 다른 학습 전략이 필요하기 때문입니다.

효과적인 시간 관리의 핵심은 '우선순위 설정'입니다. 예를 들어 수학은 집에 돌아오면 학교나 학원의 과제를 가장 처음 하는 게 아니라 그날 배운 새로운 개념 정리와 기본 문제 풀이를 가장 먼저 하고, 그 이후에 과제를 하면서 응용 문제를 풀거나 심화 학습을 하는 식으로 계획을 세우는 겁니다. 이렇게 중요도에 따라서 학습 순서를 정하면 제한된 시간을 더욱 효율적으로 사용할 수 있습니다.

시간 관리는 하루아침에 이루어지는 것이 아닙니다. 어른들도 잘 실천하기 어려워요. 그러니 작은 계획부터 하나씩 꾸준히 실천하고 그 결과를 돌아보며 계획을 수정해 나가야 합니다. 이러한 과정을 통해서 아이들은 단순히 시간 관리 능력을 얻을 뿐만 아니라 자신의 학습을 스스로 통제하고 발전시켜 나가는 자기주도적인 학습 능력을 키울 수 있을 것입니다.

필수예요!	추천해요!	선택 사항
• 기본 문제집, 교과서로 후행 하기 • 분수의 나눗셈, 비와 비율 단원 제대로 익히기 • 자기주도학습의 틀 잡기	• 시간 관리하기 • 중등 선행 시작하기	• 영역 보충 문제집 풀기

초등을 위한
중등 선행 학습 가이드

중등 수학 선행을 고민하는 많은 학부모님이 가장 먼저 하시는 질문은 "어떤 교재로 시작해야 할까요?"입니다. 사실 초등 수학 문제집을 잘 만드는 출판사들이 대부분 중등, 고등 교재도 우수한 편이어서, 기존에 익숙한 문제집 시리즈의 중등 교재를 선택하셔도 나쁘지는 않습니다. 하지만 보다 체계적인 선행 학습을 위해 추천해 드리고 싶은 교재들이 있어요.

첫째로 추천하는 것은 **개념 중심의 교재들**입니다. 《숨마쿰라우데 중학 수학 개념 기본서》는 단순한 풀이 문제집이 아닌, 스토리텔링 방식으로 개념을 자연스럽게 이해시키는 교재입니다. 특히 인강이 함께 제공되어 자기주도학습이 가능하다는 장점이 있

수학 진짜 잘하는 법을 알려줄게요.

어요. 《개념원리 중학 수학》 시리즈도 개념 설명이 풍부하여 처음 중등 수학을 접하는 학생들에게 적합합니다.

두 번째는 그래도 가장 중요한, **'교과서'**입니다. 특히 처음 중등 수학을 선행할 때는 문제집 중심보다 교과서와 함께 공부하는 것이 가장 효과적입니다. 중등 교과서는 초등과 마찬가지로 국정 교과서가 아니지만 굳이 진학할 학교의 교과서를 미리 구할 필요는 없습니다. 오히려 다양한 교과서로 공부하는 것이 도움이 될 수 있어요. 교과서를 구하기 어렵다면 《수학의 발견*》과 같은 교재를 활용할 수도 있습니다. 교과서와 함께 활용할 수 있는 기초 문제집으로는 《개념+유형 라이트 중학 수학》, 《라이트쎈 중등 수학》, 《에이급 원리해설 수학》 등이 있습니다. 이후 단계적으로 《쎈》이나 《일품》, 《블랙라벨》, 《에이급 수학》 등으로 난이도를 높여갈 수 있습니다.

무엇보다 이러한 교재 선택에 있어서 가장 중요한 것은 아이의 수준과 학습 속도를 고려하는 것입니다. 초등에서 중등으로의 전환은 아이들에게 심리적 부담이 큰 시기입니다. 실제보

---

* 일부 학교에서 활용하고 있는 '대안 교과서'입니다.

다 난도 상승을 더 크게 느낄 수 있기 때문에, 천천히, 충분한 시간을 두고 진행하는 것이 바람직합니다. 잊지 말아야 할 것은, 지금 선행을 시작해서 꾸준히 진행하고 있는 것만으로도 아이는 충분히 칭찬받고 격려받을 자격이 있다는 점입니다. 학부모님의 조급함이 아이의 불안감으로 이어질 수 있다는 점을 항상 기억하시고, 조금 느리더라도 아이의 페이스를 존중해주시기 바랍니다.

수학 진짜 잘하는 법을 알려줄게요.

• • •
중학교: 개념의 통합과 확장, 고등 수학을 준비하는 시기

중등 수학은 초등 수학에서 배운 개념을 통합하고 확장하면서 고등 수학으로 가기 위한 징검다리 역할을 합니다. 또한 내실 있는 수학 실력을 쌓아야 함과 동시에 현실적으로는 '시험'을 잘 보기 위한 전략과 연습도 필요하죠. 초중등까지는 학습 과정이 훨씬 더 중요하지만 고등은 그 어느 때보다도 결과가 중요한 시기이기 때문이에요. 그래서 중등 시기에는 다양한 공부법을 시도하고 시행착오도 겪으면서 자신에게 맞는 최적의 수학 학습법을 찾아야만 합니다. 한 해 한 해 시기마다 반드시 해야 할 것을 챙기면서 허투루 보내는 일이 없어야 합니다.

중학교 수학에서 우선순위 단원

중등 수학에서 가장 중요한 영역은 '함수'입니다. 고등 수학의 대부분이 함수와 연관되어 있다고 해도 과언이 아니거든요. 특히 수와 연산, 변화와 관계 영역의 '수 체계', '방정식', '부등식', '함수' 단원(대수)이 포진해 있는 각 학년 1학기의 중요성이 높습니다. 대수 파트는 개념 이해가 선행되어야 하지만 계산의 정확도와 속도도 매우 중요하기 때문에 연산 속도가 잘 나오지 않는다면 매 학년의 직전 겨울방학 때 연산 문제집을 1권 정도씩 집중 학습하는 것도 좋은 방법입니다.

추천 중등 연산 문제집
EBS 중학 뉴런 연산, 쎈 개념 연산, 디딤돌수학 개념연산, 개념+연산 중학수학, 연산 더블클릭 중학 수학, 수력충전 중등 수학

큰 틀에서 중등 수학의 학년별 중요도는

2학년 1학기 ⇨ 2학년 2학기 ⇨ 3학년 1학기 ⇨ 1학년 1학기 ⇨ 3학년 2학기 ⇨ 1학년 2학기 순입니다.

앞서 중요하다고 강조한 1학기(대수) 사이에 2학년 2학기가 포진되어 있는 이유는 2학년 2학기가 중등 기하의 중심이자 어려운 내용이 많이 포함된 학기이기 때문입니다. 실제로 아이들도 2학년 2학기 때 가장 스트레스를 많이 받고 또 수포자가 급격하게 늘어나는 때이기도 합니다. 이 2학년 2학기 추천 학습 강도와

수학 진짜 잘하는 법을 알려줄게요.

관련해서는 수학교육 전문가들의 의견이 조금씩 나뉘는데요, 중요한만큼 충분히 심화 학습을 해야 한다는 측과 중요하지만 고등 기하와는 성격이 다르니 (중등 기하는 논증 기하*, 고등 기하는 해석 기하**입니다.) 적당히 하고 넘어가도 된다는 의견입니다.

저는 '적당히'의 범위를 명확히 해야 한다고 생각합니다. 기본적으로 논증 기하는 중등 이후에 교과서에서 더 이상 다루지 않기 때문에 충분히 학습해야 한다는 의견에 동의합니다. 고등에서 다루는 해석 기하 문제를 비교적 쉽게 풀기 위해서는 논증 기하에 대한 이해가 전제되어야 하기 때문이에요.

예를 들어, 원의 방정식 문제에서 중등 기하(논증 기하) 개념을 적용하면 매우 쉽게 해결됨에도 불구하고 대수적 접근(계산식)으로만 해결하려다 보면 계산이 매우 복잡해집니다. 또 그 과정에서 실수를 하기도 하죠. 어려운 문제일수록 도형의 정의와 성질이 핵심 아이디어인 경우가 많습니다.

또한 논증 기하 자체가 엄밀한 '증명'을 통해 발전해 왔기 때문에 중등 기하를 깊이 있게 학습하면 할수록 수학적 사고력이

· 주어진 도형을 평면에서 보고 도형의 정의와 성질 등을 이용하여 문제를 해결하는 것
·· 주어진 도형을 좌표 평면 위에 놓고 대수 식으로 문제를 바꾸어 해결하는 것

늘어날 수밖에 없습니다. 아이들이 어려워해서 교육과정에서 뺐다는(덜 다뤄진다는) '증명' 파트가 사실은 수학에서 가장 중요한 역량을 기르는 핵심 도구라는 거죠. 저도 개인적으로 중등 때 이 기하 파트를 공부하면서 수학을 더 좋아하게 되었습니다. 선생님이나 친구와는 다른 나만의 아이디어로 문제를 해결하는 것에 재미를 느꼈어요. 그리고 단기간에 수학 실력이 일취월장하게 됐습니다. 그리고 아마도 그때 수학적 사고력이 엄청나게 길러졌을 거라고 생각합니다.

그렇다면 중등 기하를 어느 정도의 깊이로 공부해야 할까요? 그 '적당히'의 범위를 말씀드려 보자면, 만약 타 영역은 2단계 문제집을 푸는 아이가 이 기하 영역 부분만은 중요하니 3, 4단계까지 문제집을 풀어야 하냐고 묻는다면, 당연히 그럴 필요는 없습니다. 오히려 아이가 너무 어려워한다면 기하 영역만은 한 단계 낮춘 문제집으로 마무리하는 것도 괜찮아요. 다만 유독 이해하는 데 오래 걸리는 이 영역을, 빠른 진도를 위해 수박 겉핥듯이 공식만 외워서 문제 푸는 요령만 익히고 넘어가서는 안 된다는 것을 기억하시면 됩니다. 문제를 다양하게 많이 풀기보다는 오히려 '개념적으로 접근해서 정의와 정리, 증명 관점에서 학

수학 진짜 잘하는 법을 알려줄게요.

습하는 것이 더 좋은 선택'일 수 있어요. 특히 고등 때도 많이 활용되는 다음의 기하 개념들은 기본 문제부터 고난도까지 여러 번 반복하면서 제대로 익히고 가야 합니다.

- 평행선의 성질
- 각의 이등분선의 성질
- 삼각형의 외심, 내심, 무게중심
- 삼각형의 닮음
- 원과 접선 / 접선과 원이 이루는 각

중학교 수학 선행 학습 스케줄

중학교 때의 선행 학습은 초등 때와 마찬가지로 1년 선행 학습을 중심으로, 방학 때는 선행 학습, 학기 중에는 현행 심화 학습과 내신 준비(결과적으로 학기 중에는 현행만 진행하는 셈이죠.)를 함께 하는 것을 추천합니다.

초 6 겨울방학 때에 중 1 과정을 마치고, 중 1 겨울방학 때에 중 2를 마치며, 중 2 겨울방학 때에 중 3 과정을 마친다면 중 3

여름방학부터는 고등 선행 학습을 시작할 수 있어요. 중 3-1학기의 현행 심화 학습과 고 1-1학기 선행 학습을 바로 연결해서 진행하면 시너지 효과를 거둘 수 있습니다. 기본적으로 중 3-1학기 교육과정과 고 1-1학기 교육과정 사이의 연계성이 높고, 이미 1학기를 지나면서 3-1 심화를 진행했기 때문에 좀 더 수월하게 고등 과정을 학습할 수 있습니다.

중 3-1학기 교육과정	영역	고 1-1학기 교육과정
제곱근과 실수 근호를 포함한 식의 계산	수와 연산	복소수
다항식의 곱셈 인수분해 이차방정식 이차방정식의 활용 이차함수의 그래프	변화와 관계	다항식의 연산 나머지정리 인수분해 이차방정식 이차방정식과 이차함수 여러가지 방정식 연립일차부등식 이차부등식
	자료와 가능성	경우의 수 순열과 조합 행렬과 그 연산

게다가 후술하겠지만, 중 3-2학기에는 거의 기말고사만 보는 학교가 많습니다. 11월부터 2월까지 4달간은 거의 겨울방학처

수학 진짜 잘하는 법을 알려줄게요.

럼, 내신 기간이 따로 없는 여유로운 시간이기 때문에 3학년 2학기부터 고등 선행 학습 진도를 나갈 수 있는 여유가 있어요. 다만 주의할 것은 3학년 2학기의 과정의 중요도가 상대적으로 낮을 뿐이지 중요하지 않은 단원으로 구성되어 있는 것은 결코 아니라는 점입니다. 내신 시험의 횟수도 적고, 학교를 막론하고 난이도도 상대적으로 높지 않게 출제하는 경향이 있어서 대충 공부하고 넘어가는 아이가 많지만 3-2학기에 배우는 삼각비, 원의 성질, 통계 모두 고등 과정에서 중요하게 다뤄지는 부분입니다. 해석 기하(고등 기하) 측면에서 삼각함수, 원의 방정식 등은 아이들이 특히 어려워하는 부분인데요, 앞서 설명했듯이 그 해법으로 논증 기하(중등 기하) 개념이 유용하게 쓰일 것이기 때문에 깊이 있게 학습하는 것이 당연히 유리합니다.

물론 이것은 현행 심화 학습을 강조하는 측면에서의 로드맵이고요. 특목고, 자사고 등에 진학하는 것을 목표로 하는 경우라면 아이의 현재 수준이나 성향에 따라서 좀 더 빠른 속도와 깊이 있는 학습을 진행해야 합니다. 한 가지 명심하실 것은 누누이 이야기한대로 무조건 빠른 선행 학습이 정답은 아니라는 사실입니다.

1학년: 중학교 적응기

중학교 1학년은 자유학기제로 인해 1학기에 시험이 없는 학교가 많습니다. 내신 대비 기간을 따로 빼지 않아도 되니 시간 여유가 있는 편이죠. 그래서 초등 때 중등 수학의 선행 학습을 미리 해두지 못했던 아이에게는 한 학기 이상의 선행 학습을 할 수 있는 절호의 타이밍이기도 합니다. 이 시기를 더 많은 진도, 더 깊이 있는 심화 학습 등으로 어떻게 보내느냐에 따라 이후의 수학 학습에 큰 영향을 미치게 됩니다.

하지만 많은 분이 간과하고 계신 부분이 있습니다. 이 시기에는 초등에서 중등으로, 아이들이 느끼는 변화가 그 어느 때보다도 크다는 것인데요, 더 일찍 학교에 가는데 늦게 끝나고, 배우는 과목의 수도 많은데 과목마다 선생님도 다름 등등 학교에 적응하는 시간이 초 1 때 못지않게 필요한 시기라는 겁니다. 많은 분이 중 1은 초등학생의 연장선이라 초 7로 봐도 무방하다고 하시는데 저는 이 말을 반만 동의합니다. 이 시기를 초등 때와 똑같이 보내면 그렇게 볼 수도 있겠지만 앞으로 다가올 중고등 시기에 필요한 것을 미리 알고 준비하는 시간으로 보낸다면 초등생도 아니고 중학생도 아닌 제3의 시기로서 충분한 의미가 있기 때문

수학 진짜 잘하는 법을 알려줄게요.

입니다.

수업에 집중하기

　중학생부터는 초등 때보다 훨씬 더 수업을 '잘 듣는 아이'가 되어야 합니다. 선생님의 말씀을 잘 듣고 수업에 잘 참여한다는 건 태도적인 측면만을 의미하지 않습니다. 그것도 중요하지만 '수업의 내용'에 조금 더 집중해야 한다는 의미입니다. 또한 수업을 잘 듣는다는 것은 시간을 잘 관리한다는 뜻이기도 합니다. 중학교 45분, 고등학교 50분의 수업 내용을 90% 이해하는 아이는 복습과 과제, 시험 대비에 많은 시간이 필요치 않습니다. 하지만 수업 시간에 다른 공부나 과제를 하고 심한 경우에 딴짓을 하거나 엎드려 자는 아이들은 하루 중 엄청난 시간 낭비를 하는 것은 물론이고 지필·수행평가에서 좋은 점수를 받기가 어렵죠.

　앞서 중등부터는 '시험 대비' 연습을 해야한다고 말씀드렸는데요. 시험 대비의 1순위가 바로 실제 시험문제를 출제하는 학교 선생님의 말을 경청하는 것입니다. 막상 시험을 앞둔 1학년 2학기 또는 2학년이 되었을 때 우왕좌왕하며 시행착오로 시간 낭비를 하지 않도록 미리 연습하는 것이 좋아요. 수업 내용 중 선생님께서 강조하시는 부분, 특히 지필시험을 앞둔 시기에는 평소보다 더 집중을 해야 하고요. 수행평가는 평가 시기와 평가 기준 등 미리 공지하는 내용을 잘 메모해 두었다가 손해 보는 일이 없어야 합니다.

수업에 집중해서 90% 이상 소화하기 위해서는 '예습'이 중요함을 앞에서도 강조해 드렸죠? 이처럼 중 1은 학교생활에 적응하는 동시에 이렇게 만든 학습 습관을 바탕으로 앞으로 6년 간의 중고등학교 생활을 준비하는 중요 시기입니다.

수행평가 대비하기

그런 의미에서 중 1때에는 지필시험이 없기에 더 중요한 '수행평가'에 집중해 보는 것을 추천합니다.

제가 지도한 학생이 다니던 중학교는 '수학 독서' 수행평가의 비중이 학기당 30%의 비중을 차지하는 곳이었습니다. 대부분의 학교는 공시 원칙에 따라서 학기 초에 수행평가 지정 도서와 평가 시기, 평가 방법과 평가 기준까지 모든 것을 공지하는데요, 이 공지 사항은 보통, 학생들에게 가정통신문의 형태로 배포됩니다. 만일 아이가 수행평가의 중요성을 알고 있고 이 가정통신문의 내용을 숙지하면서 부연 설명을 하는 선생님의 말씀에도 집중했다면 일단 수행평가에서 좋은 점수를 받을 수 있는 준비가 되

수학 진짜 잘하는 법을 알려줄게요.

었다고 할 수 있어요. 하지만 많은 아이가 선생님의 설명을 주의 깊게 듣지 않고 심지어 이 가정통신문을 받았다는 사실조차 잊어버리죠. 부모님은 더 그러시겠지만 저 역시도 지도하는 사람의 입장에서 이런 아이들을 보면 꽤나 허탈했던 기억이 있습니다.

만일 학부모님께서 아이의 수행평가를 대비하는 데 조금이라도 도움을 주고 싶으시다면 학기 초 〈학교알리미〉의 〈교과별 (학년별) 평가 계획에 관한 사항〉을 통해 미리 확인하실 수 있습니다. 이미 말씀드렸지만, 오랜 기간 미리 준비되어야 하는 논술, 구술, 토론·토의 수행평가도 정확한 평가 기준만 알고있다면 충분히 준비할 수 있습니다. 그러니 수행평가 역량 개발부터 차근차근 계획을 세워보시면 좋겠습니다.

다시 본론으로 돌아와서, 그 학교의 수학 독서 수행평가 방법은 크게 3가지로 공지되었습니다.

1. 오픈북 형태로 진행된 지정 도서 속 퀴즈 맞히기
2. 개인별로 지정된 부분의 내용을 요약하여
   1분 동안 발표하기
3. 지정 도서의 독서 활동 기록지 작성하기

그리고 이 학교뿐만이 아니라 수학 과목에서 '독서'와 관련된 수행평가를 실시할 때는 다음 리스트의 책을 크게 벗어나지 않습니다.

수학 진짜 잘하는 법을 알려줄게요.

중등 1-3학년 수학 연계 추천도서

학년	책 제목	저자	연관 단원
1	수학자 납치사건	정완상	소인수분해 정수와 유리수 문자와 식
	디오판토스가 들려주는 일차방정식 이야기	송륜진	일차방정식
	데카르트가 들려주는 좌표 이야기	김승태	좌표평면과 그래프
	히포크라테스가 들려주는 작도 이야기	정수진	기본도형
	탈레스가 들려주는 평면 도형 이야기	홍선호	평면도형의 성질
	아르키메데스가 들려주는 무게중심 그리고 회전체 이야기	홍갑주	입체도형의 성질
	피셔가 들려주는 통계 이야기	정완상	통계
2	스테빈이 들려주는 유리수 이야기	김잔디	유리수와 순환소수
	해리엇이 들려주는 일차부등식 이야기	나소연	일차부등식
	디리클레가 들려주는 함수 1 이야기	김승태	일차함수
	오일러가 들려주는 삼각형의 오심 이야기	배수경	삼각형의 성질
	피타고라스가 들려주는 사각형 이야기	배수경	사각형의 성질 도형의 닮음
	피타고라스가 들려주는 피타고라스의 정리 이야기	백석윤	피타고라스의 정리
	파스칼이 들려주는 순열 이야기	류송미	확률

3	데데킨트가 들려주는 실수 1 이야기	오화평	제곱근과 실수
	아벨이 들려주는 인수분해 1 이야기	정규성	인수분해
	알콰리즈미가 들려주는 이차방정식 이야기	김승태	이차방정식
	디리클레가 들려주는 함수 1 이야기	김승태	이차함수
	프톨레마이오스가 들려주는 삼각비 1 이야기	허인표	삼각비
	탈레스가 들려주는 원 2 이야기	조재범	원과 비례

이 책들은 해당 학년에서 배우는 개념과의 연관성 때문에 선정되며, 꼭 수행평가 지정 도서가 아니더라도 학습에 도움이 되는 추천 도서입니다. 그래서 저도 제 학생들에게 이 추천 도서를 미리 읽게 하고 수행평가와 똑같은 방식의 실전 대비를 해 주었죠.

결과는 어땠을까요? 당연히 처음 해보는 다른 친구들보다 한두 번 경험해 본 제 학생들이 훨씬 더 좋은 점수를 받았습니다. 이처럼 과정 중심의 수행평가도 당연히 연습할 수 있습니다.

이러한 독서 중심의 수행평가 외에도 수학 수행평가는 수업 시간에 배운 '개념 요약 정리하기', FameLab(과학, 수학, 공학 분야의 주제를 가지고 3분간 강연을 하면서 대중과 소통하는 국제적 행사의 변형, 발표 시 파워포인트를 사용할 수 없고 사물만을 활용하여 발표해

수학 진짜 잘하는 법을 알려줄게요.

야 하며 쉽고 재미있게 전달하기 위해 전문 용어의 사용은 최대한 줄여야 한다는 규칙이 있음)을 도입하여 '수학 관련 주제와 시나리오 작성하기', 더 나아가 발표하기로 확대되는 수행평가 방식을 채택한 학교도 있었습니다. 이 외에도 다양한 평가 방식이 있지만 이 사례들을 관통하는 단 하나의 공통점은 **수학 수행평가임에도 쓰기, 말하기 등이 적극적으로 도입되고 있다는 점**입니다. 또한 다른 과목의 수행평가와 프로젝트로 묶는 방식을 통해서 점차 다양화되고 고도화되는 추세입니다.

이처럼 중학교 1학년은 막연히 '역량'을 준비했던 초등 때보다 더 나아가 중학교 방식의 수행평가를 실제로 경험하면서 이후의 수행평가에 잘 대응하기 위해 필요한 준비를 미리 해둘 수 있는 최적의 시간이라고 할 수 있습니다.

2학년: 중학 생활의 안정기

중학교 2학년은 겉으로 보기에 가장 평온한 시기처럼 보입니다. 중 1 때 적응은 이미 끝났고, 고입을 앞둔 중 3이라는 부담

과도 거리가 있는 것처럼 보이기 쉽죠. 학교생활도 안정기에 접어들어서 대부분의 아이들이 초등에 비해 바쁜 중학생의 일상에 익숙해진 상태입니다.

하지만 이 시기는 중학교 과정 중 가장 중요한 수학적 개념을 배우는 때입니다. 방정식과 부등식, 일차함수, 삼각형, 사각형, 닮음, 피타고라스, 확률까지 고등 수학의 기초가 되는 가장 핵심 내용을 다루게 돼요. 여기에 고등학교 선행 학습에 대한 이야기가 들려오기 시작하면서 많은 학생이 겉으로 보이지 않는 은근한 긴장감 속에서 학교생활을 하게 됩니다.

이런 상황에서 가장 중요한 것은 중심을 잡는 것입니다. 주변의 분위기에 휩쓸리지 않고 자신의 학습에 책임을 지는 연습을 시작해야 할 때예요. **스스로 공부 계획을 세우고 그것을 실천하면서 결과에 대해 책임지는 습관**을 길러야 합니다. 이것이 바로 중학교 2학년 시기에 반드시 갖춰야 할 가장 중요한 태도입니다.

내신 대비

중 2는 중학교 첫 시험의 상징과 같은 때입니다. 중 1-2학기부터 내신 지필시험을 보는 학교가 많지만, 1학년 2학기는 초등 수학 개념의 연속이기 때문에 중 2 때 보는 첫 시험이 중등 실력

수학 진짜 잘하는 법을 알려줄게요.

을 판단하는 잣대가 되곤 하죠. 하지만 시험은 실력만으로 성적이 나오는 것이 아니기 때문에 앞으로 4~5년간의 중고등 성적을 위해서 나만의 '시험 대비 전략'을 세우고 연습하는 시간을 가져야 합니다. 즉 언제부터 어떤 과목을 어떻게 공부하면 효과적인지 내신 준비 기간을 충분히 잡고 구체적인 공부 계획을 세운 후 실천해 보는 겁니다.

특히 수학은 평소의 꾸준한 학습이 가장 중요합니다. 개념 적용과 문제 풀이, 서술형 답안 쓰기, 오답 체크와 계산 실수를 줄이는 법 등 전방위적으로 연습할 것이 많습니다. 또한 수업 시간에 집중하면서 학교 선생님이 강조하시는 부분에 대해 주목하고 기출 시험지를 통해서 출제 경향을 파악해야 해요.

시험이 임박해 오면 실제 시험처럼 답안지 마킹 시간 5분을 제외하고 40분 동안 모든 문제를 푸는 요령을 익혀야 합니다. 그때 시간을 재고 서술형 답안을 작성하는 연습도 필요하고요. 보통 중등 아이들의 내신 대비 기간은 3주인데요, 그 기간에 시험 범위 안의 개념과 문제 풀이를 다시 점검하고 실전 대비까지 해야 합니다.

당연히 학교에서 배운 내용을 그때그때 복습해야 하지만 대부분의 아이들은 평소 복습이 되어 있지 않죠. 그래서 내신 대비를 시작할 때, 내가 부족한 부분이 어디인지를 점검해 보고 계획을 짤 수 있도록 시험 범위와 동일한 범위의 모의 시험지를 먼저 풀어보는 것이 좋습니다. 당연히 내신 대비가 전혀 되어 있지 않은 평소 실력이기 때문에 점수가 많이 실망스러울 수밖에 없어요. 하지만 이때 나온 점수보다 실전에서는 10~15점 높은 점수를 목표로 설정하고, 시험지 피드백을 통해 부족한 부분을 파악해서 보완할 수 있다면 충분히 의미 있는 시도라고 할 수 있습니다.

또한 생각지 못한 곳에서 의외로 많은 구멍이 보인다면 수업 시간 집중 문제, 복습 타이밍과 시간 등 평소 학습 패턴을 전반적으로 살펴보아야 합니다. 그러면 개선의 필요성과 방법도 찾을 수 있을 거예요. 이처럼 중등까지의 시험은 점수 하나하나에 일희일비하기보다는 고등 때 충분히 만족스러운 결과를 얻기 위해 평소 우리 아이의 공부 습관을 단련하는 과정이라고 생각해야 합니다.

노력한 만큼 결과로 보여주는 것이 바로 수학이라는 과목입니다. 여러분도 아이도 그 사실을 믿고서, 할 수 있는 한 최선을 다하도록 독려해 주시기 바랍니다.

수학 진짜 잘하는 법을 알려줄게요.

공부 주도권 잡기

중학교 때부터는 공부의 주도권이 확실히 아이에게 있어야 합니다. 문제집 선택부터 학원 선택까지 아이의 결정을 존중해 주되 그에 따른 책임도 스스로 지도록 해야 해요. 수학 공부법은 아주 기본적인 흐름은 같아야 하지만 결국에는 각자에게 맞는 방법이 따로 있습니다. 수학을 잘하는 아이의 공부법이 무조건 정답은 아니라는 말입니다. 어떻게 하면 더 효율적으로 공부하면서도 실력을 쌓을 수 있는지, 평소 공부법과 시험 대비 공부법까지 수많은 시행착오를 거쳐서 자신만의 공부법을 찾을 수 있도록 도와주세요.

중학생 아이에게는 여러분의 조언이나 지시가 더는 큰 영향을 줄 수는 없을 겁니다. 그보다는 필요하다면, 10, 20대 공부법 유튜버 등 아이들이 친숙하게 느끼는 형, 언니, 오빠, 누나가 운영하는 채널의 도움을 받는 것이 더 좋습니다. 그분들이 아이의 직접적인 롤모델이 될 수 있으니까요. 대표적인 공부법 채널은 다음과 같습니다. 아이에게 슬쩍 추천해 주시고 함께 보면서 학부모님도 관심을 가져주세요. 단, 지시나 간섭은 금물입니다.

고등 선행 학습의 기준

중학교 2학년은 많은 학생이 고등학교 수학 선행 학습을 시작하는 시기입니다. 제가 추천하는 스케줄은 중 2 겨울방학에 중 3 과정을 마무리하고, 중 3 여름방학부터 본격적인 고 1 수학을 시작하는 것이에요. 이러한 패턴으로 공부하면 학기 초를 기준으로 고등학교 3학년(고 2 겨울방학 때 고 3 과정 전체의 선행 학습까지 끝냄)까지 약 1년의 선행 학습을 안정적으로 유지할 수 있습니다.

특히 중학교 3학년 2학기 기말고사 이후에는 상당한 시간적 여유가 생기기 때문에 많은 학생이 이 시기에 선행 학습의 진도를 더 많이 나가려고 합니다. 하지만 여기서 중요한 것은 '얼마나 많이' 나가느냐가 아니라 '얼마나 깊이 있게' 이해하느냐예요. 고등학교 수학은 초중등 과정보다 훨씬 더 깊이 있는 이해가 필요합니다. 아무리 빨리 시작하더라도 깊이 있는 이해가 없다면 결국 고등학교 1학년 수학을 계속해서 반복해야 하는 상황에 직면하게 되니까요.

수학 진짜 잘하는 법을 알려줄게요.

그런데 현실적으로 일부 아이들은 고등 수학의 난도가 너무 높게 느껴지기 때문에 제대로 된 선행 학습을 하는 것이 아예 불가능합니다. 이런 아이들에게는 다른 접근법이 필요한데요, 중학교 과정에서 자신의 현재 실력보다 조금 더 어려운 문제, 특히 고등학교 수학과 연계되는 주요 단원 (1학기의 '대수' 단원들) 중심으로만 심화 학습을 하는 것이 더 효과적일 수 있습니다. 고등 수학의 선행 학습을 완전히 포기할 필요는 없기 때문이에요. 특히 최소한으로, 다음의 두 가지 영역의 선행 학습은 반드시 필요합니다.

첫째는 '**연산 선행 학습**'입니다. 연산 능력은 모든 수학 문제 풀이의 기본 스킬로서 계산을 제대로 못 한다면 아무리 좋은 접근법을 알고 있더라도 문제의 답을 낼 수 없습니다. 특히 고등학교 1학년 1학기 과정에는 복잡한 계산 문제가 많이 등장하기 때문에 최소한 이 부분만큼은 선행 학습을 해 두어야만 고 1 수학에서 큰 좌절을 겪지 않을 수 있습니다.

둘째는 '**용어 선행 학습**'입니다. 고등 수학에서는 이전과는 완전히 다른 새로운 수학 용어가 대거 등장합니다. 때로는 처음 보는 기호도 나오기 때문에 미리 학습하지 않는다면 아예 수업 내용 자체를 이해하지 못하는 상황이 발생할 수 있어요. 최소한 선생님의 설명이 '외계어'처럼 들리지 않도록, 그리고 나중에라도 현실적인 목표인 3등급을 달성하기 위해서는 이 두 가지 영역의 선행 학습은 반드시 해야 한다는 것을 기억하시기 바랍니다.

자신의 현재 실력과 상황을 정확히 파악하고 그에 맞는 적절한 선행 학습의 범위와 깊이를 결정하는 것이 무엇보다 중요합니다.

3학년: 중 3 겨울방학은 마지막 역전의 기회

중 3 겨울방학은 고등 수학 준비의 결정적 시기입니다. 그래서 어떤 분들은 '중 3 겨울방학이 대학을 결정한다'고도 말씀하십니다. 저도 아이들의 입시 때까지 함께했던 사람으로서 어느 정도는 동감합니다. 하지만 시기의 중요성을 잘 모르시는 학부모님은 이 시기를 '아이와 함께 보내는 (학창 시절) 마지막 가족 여행' 타이밍이라고 생각하시더라고요. 그래서 장기간 해외여행을 계획하시곤 합니다만 절대 그러지 않으셨으면 좋겠습니다. 나중에 100% 후회하시거든요. 왜 그러면 안 되는지를 지금부터 설명드리겠습니다.

수학 진짜 잘하는 법을 알려줄게요.

일단, 단 일주일 여행을 가더라도 그동안 해왔던 아이의 공부 흐름이 끊길 우려가 있습니다. 그 일주일 전후로 아이의 마음가짐도 매우 해이해져요. 습관은, 만들기는 어렵지만 깨는 건 매우 쉽습니다. 그리고 무엇보다 이 시기는 중등 이후 유일하게 어떤 시험(지필, 수행)으로 인해 흐름이 끊기지 않는 긴 기간(무려 4개월)입니다. 이런 시간은 고 3 수능시험 때까지 절대로 오지 않아요. 사실은 처음이자 마지막 기회죠.

또한 솔직히, 그 나이대 아이들 대부분은 부모님과의 여행을 그렇게 반기지 않습니다. 용돈을 받아 친구들이랑 며칠 노는 걸 더 선호할 걸요? 믿고 싶지 않겠지만 (여러분도 경험하셨듯) 그 나이대는 다 그렇습니다. 명절 때 지방 할머니댁에도 억지로 끌려가는 아이들이 적지 않잖아요. 그러니 가족 여행은 고 3 입시가 끝난 후로 미루시고 이때는 앞으로 3년 내내 거름으로 쓰일 소중한 것들로 채워주시기 바랍니다.

중 3 겨울방학은 보통 2학기 기말고사가 10월 말이나 11월 초에 끝나기 때문에 11월부터 다음 해 2월까지 4개월이라는 긴 시간이 주어집니다. 4개월은 그때까지 고등 선행 학습을 하나도 안 한 아이라도, 마음만 먹으면 역전할 수 있는 충분한 시간입니다. (실제로 이러한 전략으로 고등학교에 가서 역전한 제자가 셀 수 없이 많아요.)

물론 이 기간에 독서나 다른 과목 학습을 할 수도 있습니다. 하지만 제가 수학 선생님이라서가 아니라 현실적으로 이 시기는 **수학에 올인하셔야 합니다.** 지금까지 이 책을 쭉 읽어 오신 분은 아실 거예요. 제가 과도한 선행 학습을 조장하던가요? 무조건《최상위 수학》,《에이급 수학》같은 심화 문제집을 정복해야 한다고 말씀드렸나요? 아니라는 걸 잘 아실 겁니다. 개인의 목표가 있고 각자의 역량이 있으니 '최소한' 그리고 '합리적'인 수준에서만 추천드리고 있죠. 하지만 **중 3 겨울방학 수학 학습은 무조건 하셔야 한다고 강력하게 말씀드리고 싶습니다.** 입시제도가 급변하는 상황에서 아이들이 하나쯤 가지고 있어야 하는 무기 중 가장 강력한 것이 수학 점수이기 때문입니다.

목표는 1년 선행 학습, 즉 고 1 수학을 응용 수준 이상까지 끌어올려 놓고 (물론 다다익선입니다만, 속도보다 깊이가 중요하다고 재차 강조하겠습니다.) 3월을 맞이하는 겁니다. 그러고 나면 고등학교 생활에 적응하는 데도 훨씬 여유가 생길 거예요. 중학교와는 다르게 학기 내내 하는 모든 활동이 입시와 직결되는 상황에서도 수학에 너무 많은 시간을 쏟지 않을 수 있기에, 다른 과목의

수학 진짜 잘하는 법을 알려줄게요.

학습과 수행평가, 학생부 관리 등에도 시간과 노력을 쏟을 수 있게 됩니다.

당연히 이 기간에도 무조건 진도를 빼기보다는 확실하게 이해하고 심화 학습을 하는 것이 중요합니다. 고등 수학은 각종 기출문제를 통해 객관적인 실력 평가가 가능하므로 중간중간 아이의 상태를 점검하면서 선행 학습 일정을 조절하는 것이 바람직합니다. 단순히 교재를 끝내는 것이 선행 학습의 목표가 되어서는 안 된다는 것을 기억해 주세요.

고등학교 1학년: 새로운 시작과 도전

고등학교 1학년은 중학교와는 완전히 다른 세계가 펼쳐지는 시기입니다. 이제는 모든 점수가 대학 입시와 직결되기 때문에 교실에서는 입학과 동시에 매우 진지한 분위기가 형성되죠. 중학교 때처럼 시험 기간에만 집중하는 것이 아니라 **학기 내내 지속적인 긴장감을 유지**해야만 합니다.

고 1이 되면 중등 수학을 다시 복습하기가 현실적으로 매우 어렵습니다. 시간적 여유가 전혀 없기 때문이에요. 그러니 중학교 입학 전에 중등 기하 부분은 꼼꼼하게 다시 다지고, 고등 수학(특히 대수 파트)을 공부하다가 특정 부분에서 중등 수학 개념이 부족함을 느낄 때에는 중등 개념을 정리한 (그동안 만들어 놓은) 개념 카드(4장에서 소개합니다)나 기본 문제집을 통해서 빠르게 보완하는 정도가 적절합니다.

고등학교에 입학하고 나면 **3월에는 학교를 파악하는 데 집중**해야 합니다. 수학 담당 선생님의 스타일, 학교의 전반적인 분위

수학 진짜 잘하는 법을 알려줄게요.

기, 지필고사와 수행평가의 유형 등을 먼저 정확히 파악하는 것이 중요해요. 이 부분은 아이가 혼자서 하기에는 한계가 있을 수 있기 때문에 학교 알리미, 상담, 지역 맘 카페, 학원 등을 통해서 학부모님이 적절한 도움을 주셔야 합니다.

고등학교에서는 학기 중 '내신 기간'이라는 개념이 없습니다. **학기 전체가 그냥 내신을 준비하는 기간**이라고 봐야 합니다. 특히 수행평가가 실제 성적에 미치는 영향이 크기 때문에 학기 중에 선행 학습을 병행하면 선행과 현행 둘 다를 망칠 위험이 큽니다. 선행 학습은 1년 선행 학습 주기를 유지한다는 생각으로 방학 때 효율적인 계획하에 실행하기 바랍니다.

고 1 여름방학(1학기 기말고사가 끝남과 동시에 여름방학이라고 생각하고 학습 계획을 세워주세요.)은 2학년 이후의 진로와 선택과목을 결정하면서 동시에 2학년 선행 학습도 시작해야 하는 시기입니다. 다시 2학기가 되면 **'학기 중에는 내신, 방학 중에는 선행 학습'이라는 원칙대로** 1학기 때처럼 학습을 진행하면 됩니다.

고등학교 2학년부터는 각자의 대입 전략에 따라 학습 방향이 크게 달라집니다. 이때 부모님의 역할은 아이의 멘털을 잡아주고, 필요할 때 도움을 주며, 무엇보다 아이를 믿고 지켜봐 주는 것입니다. 이제 입시라는 큰 산이 눈앞에 있지만 그동안 기초를 잘 다져왔다면 충분히 헤쳐나갈 수 있다고 격려하면서요. 중요한 것은 너무 앞서 걱정하지 말고 주어진 과제에 최선을 다하는 자세라는 것도 꼭 일러주시기 바랍니다.

수학 진짜 잘하는 법을 알려줄게요.

4부

진짜 수학을
잘하기 위한
'수학 공부법'의 모든 것

초등 때부터
갖추어야 할 학습 역량

· · ·

지속 가능한 수학 정서 만들기

초등학교부터 고등학교까지 12년 동안의 수학 학습의 여정은 마라톤에 비유되곤 합니다. 이 긴 여정을 성공적으로 완주하기 위해서는 초등 시기부터 형성되는 '수학에 대한 정서'가 매우 중요합니다. 이는 단순한 감정을 넘어서 학습 효능감과 자신감의 근원이 되기 때문이에요. 특히 초등 1, 2학년 시기는 수학에 대한 첫인상이 형성되는 매우 중요한 때라서 부모와 함께하는 수학 학습 경험이 아이의 수학 정서 형성에 결정적인 영향을 미칩니다. 하지만 많은 학부모님이 이 과정에서 실수를 하게 되죠.

가장 큰 실수는 '결과 지향적인 태도'를 보이는 겁니다. 수학은 다른 과목과는 달리 정답이 명확하게 보이는 과목입니다. 그러다 보니 학부모님들은 답을 못 내거나 우물쭈물하는 아이를 보면 답답해하죠. 그때 "이렇게 쉬운 것도 못 푸니?"라는 식의 반응은 아이의 자존감에 큰 상처를 줄 수 있습니다. '누가 그렇게 하나요? 저는 최대한 참습니다.'라고 생각하시는 분들 있으시죠? 하지만 이런 마음을 먹고 있다면 말만 하지 않았을 뿐 행동과 표정에서 다 드러납니다. 차라리 무반응을 하는 게 낫겠다고 생각할 수 있지만 그것도 아이가 잘했을 때와는 확연히 다른 반응입니다.

영어는 환경을 만들어주고 자연스러운 노출을 통해 학습할 수 있지만 수학은 그렇지 않습니다. 아이가 혼자서 공부할 수 있는 수준이 될 때까지 부모님의 지도와 태도에 크게 영향 받을 수밖에 없어요. 그래서 더욱 세심한 주의가 필요합니다. 그러니 이제부터는 이렇게 마음먹으세요.

수학 진짜 잘하는 법을 알려줄게요.

'그럴 수 있어. 아직 성장하는 중이잖아?'

'모르는 게 당연해. 모든 걸 다 잘 알 수는 없지.'

'틀리는 건 당연한 거야. 틀리는 데서 더 많은 걸

배울 테니 괜찮아.'

이 말들은 단순히 여러분의 마음을 위로하는 말이 아닙니다. 그냥 '사실'입니다. 실제 교육 현장에서는 중고등학생을 가르치는 것보다 초등 저학년을 가르치는 것이 훨씬 더 어렵거든요. 이미 기초 지식이 있는 중고등학생과는 달리 아무것도 모르는 아이에게 기초 개념을, 그 아이의 눈높이에 맞춰 설명하려면 매우 전문적인 스킬이 필요합니다. 아이의 심리를 세심히 살피고 성장기이기에 발생하는 당연한 차이를 인정하면서도 동시에 인내심을 발휘해야만 하죠. 괜히 '초등 1학년 담임은 극한 직업(?)'이라고 하는 것이 아닙니다.

그러니 여러분은 처음부터 완벽한 설명을 하려고 하기보다는 아이와 함께 '나도 수학을 배워 가는 중이다'는 자세를 가지는 것이 좋습니다. "엄마도 처음에는 이해하기 어려웠어.", "우리 같이 찾아볼까?"와 같이 접근하는 것이 필요해요. 이러한 태도는 아이에게 실수해도 괜찮다는 안정감(회복 탄력성)을 주고 수학을

'함께' 탐구해 나가는 즐거움을 경험하게 해줄 겁니다.

긍정적인 수학 정서는 하루아침에 만들어지지 않습니다. 작은 성공의 경험이 쌓이고 그 과정에서 부모의 지지와 격려가 더해질 때 비로소 형성돼죠. 이렇게 만들어진 긍정적 정서는 앞으로의 길고, 때론 어려우며 힘든 수학 학습 여정에서 아이를 지탱해 주는 든든한 버팀목이 될 겁니다. 그러니 이것만은 꼭 만들어 주세요!

자기 효능감

수학에 대한 아이들의 마음은 양면성이 있습니다. 수학을 잘하고 싶어 하면서도 정작 그것을 위해 필요한 노력은 하기 싫어하죠. (욕심쟁이들!) '열심히 안 해도 잘할 수 있는 방법이 있지 않을까?'라는 막연한 기대를 가지고 있는 아이도 있습니다. 하지만 그런 방법은 어디에도 존재하지 않지요.

그래서 결국 많은 아이들이 수학을 싫어한다고 말하게 됩니다. 이것은 단순한 감정적 표현이 아니라 '잘하지 못하는 것'에서

오는 자연스러운 반응이에요. 여기서 우리가 주목해야 할 것은 '싫어함'과 '못함'의 악순환입니다. 잘 못하니까 싫고, 싫어하니까 더 안 하게 되고, 안 하니까 더 못하게 되는 이 고리를 끊을 수 있는 유일한 방법은 너무나 당연하게도 '잘하게 되는 것'뿐입니다. 하지만 누구나 처음부터 잘할 수는 없어요. 그렇기 때문에 중요한 것이 바로 '자기 효능감'입니다.

자기 효능감이란 '나는 할 수 있다'는 믿음인데요, 이것은 작더라도 성공한 경험을 반복적으로 쌓을 때 가질 수 있습니다. 그래서 제가 '70%의 법칙'을 이야기했던 겁니다. 아이가 풀 수 있는 문제가 70% 정도 되는 수준의 교재로 시작해야만 평소 학습 과정에서 꽤나 자주, 작고 반복적인 성공 경험을 할 수 있으니까요. 고등학생이 되어 뒤늦게 수학 공부를 다시 시작하는 아이를 지도할 때에도 일부러 쉬운 문제집(또는 교과서)을 주고 그것을 최소 3회 풀도록 지도합니다. '나도 할 수 있다'는 자신감을 회복하는 것이 수학을 잘하기 위한 첫 번째 관문이기 때문입니다.

이 자기 효능감은 초등학생에게 더욱 중요합니다. 앞서 설명한, 발등에 불이 떨어져서 동기가 뚜렷한 고등학생과 비교했을 때 초등 때는 학습 동기가 잘 보이지 않거든요. 그 대신에 '자기 효능감'에서 오는 재미(문제가 풀리니까 재미 있죠.)와 소소하지만 성공적인 결과에 대한 칭찬과 인정이 수학을 점점 더 잘하게 만드는 원동력이 됩니다. 수학은 마치 계단과 같아서 2~3단계를 한꺼번에 뛰어오르는 것은 불가능합니다. 그러니 아이의 현재 위치를 정확하게 파악하고, 한 단계씩 천천히 오를 수 있게 하는 힘, 즉 '자기 효능감'을 지속적으로 기를 수 있는 환경을 조성해 주세요. 수학을 유난히 싫어하는 아이라면 처음에는 현재 수준보다 훨씬 쉬운 것부터 시작해야 한다는 것을 꼭 기억하시기 바랍니다.

수학은 당연히 배워야 하는 것

"수학을 도대체 왜 배워야 해요?"

많은 아이가 던지는 이 질문에, 어떤 어른은 "그러게, 나도 어른 되고 나서 미적분을 한 번도 안 써 봤어."라며 동조하는 말을 하곤 합니다. 하지만 이건 수학의 본질을 잘못 이해한 답인

데다 아이들을 맥 빠지게 하므로 절대로 해서는 안 되는 말입니다.

수학은 단순한 계산이나 외워야 하는 공식의 집합이 아니라 **'논리적 사고력'을 기르는 과목**입니다. 그래서 모든 아이에게 필요합니다. 우리 일상에는 알게 모르게 수학적 사고가 필요한 순간이 무수히 많습니다. 장을 볼 때 어떤 제품이 더 경제적인지 비교하는 것, 여행 계획을 세울 때 시간과 거리를 고려하는 것, 심지어 요리를 할 때 양에 따라 레시피의 비율을 조절하는 것까지 모두 적용되죠. 아이들의 눈높이에서 수학이 얼마나 실용적이고 중요한지를 이해할 수 있도록 이런 구체적인 예시를 자주 들려주시는 것이 좋습니다. 그리고 여기에 더해 현실적으로도 현 시점, 대한민국 학생의 입장에서 가장 중요한 과목이 수학이라는 것도 알려주셔야 합니다. 이게 수학을 배워야 하는 현실적인 이유지만 그럼에도 불구하고 설득이 안 되는 아이들이 당연히 있습니다. 그럴 땐 수학 공부는 '선택'이 아니라 '당연한 것'이라는 생각을 심어주세요.

소위 학군지로 불리는 지역이 타 지역과 다른 점 중 하나는 바로 그런 것입니다. 그곳의 아이들은 '공부는 당연히 하는 것'이라는 생각을 자연스럽게 받아들여요. 주변의 모든 친구가 싹 다 공부하는 환경에서 자라다 보니 그것이 일상이 되는 것이죠. 공부하라고 아이를 굳이 설득하고 통제할 필요가 없습니다. 그런 것처럼 수학 공부도 '당연히 하는 것'이라고 아이가 생각하게 해 주세요. 인터넷에서 쉽게 찾아볼 수 있는 김연아 선수의 어록 중 '무슨 생각을 하면서 훈련을 하느냐'는 질문에 대한 다음의 답이 참 인상적이었는데요.

> "무슨 생각을 해… 그냥 하는 거지."
> "집에 가고 싶다. 이 짓을 언제까지 해야 되냐?
> 그래도 그냥 한다."

의미를 부여하거나 안 하는 이유를 찾는 등 온갖 핑계를 대다 보면 수학 공부는 더 하기 싫어진다는 걸 알게 하셔야 합니다.

'놀기 전에 할 일 먼저', '쉬더라도 해야 할 일을 마친 후에'와 같은 기본적인 생활 습관을 만드는 것부터 시작하면 '그냥 하는 것'이 가능해집니다. 단, 이것은 부모님과 아이 모두에게 적용되어야 하는 원칙이에요. 학생의 본분이 공부인 것처럼 각자의 위치에서 해야 할 일을 책임감 있게 하는 모습을 보여주셔야만

수학 진짜 잘하는 법을 알려줄게요.

아이들도 자신의 일을 당연하게 할 수 있으니까요. 이때 아이가 해야 할 공부 중 '수학'이 우선순위로 자연스럽게 인식된다면 더 좋겠습니다.

반드시 필요한 수학 학습에 대한 태도 6가지

수학 학습을 지속할 때 가장 중요한 것은 '학습 태도'입니다. 단순한 지식의 습득을 넘어선 습관, 문제를 해결하는 자세와 사고방식이 수학 실력을 결정짓는 핵심 요소가 되죠.

흔히 **'엉덩이 힘'**이라고 하는 것은 단순히 오래 앉아 있는 시간만을 의미하지 않습니다. **문제를 끝까지 해결하려는 의지와 집중력**을 뜻하죠. 수학은 순간적으로 번뜩이는 탁월함이 아닌 지속적인 사고와 시도가 필요한 과목입니다. 그래서 문제를 보자마자 '못 풀겠다'고 포기하는 것이 아니라 아는 것부터 하나씩 적용해 보고 다양한 방법을 시도해 보는 끈기가 필요합니다.

이것은 시간을 정해 놓고 꾸준히 공부하는 습관에서 시작됩니다. 처음에는 단 5분이라도 좋으니 정한 시간에 한 문제에 집중하는 연습('모래시계'나 '구글 시계*' 같은 것을 활용하면 아이의 흥미를 끌어올 수 있습니다.)을 시켜 주세요. 익숙해지면 점차 시간을

---

* 일명 '구글 시계'로 알려진 타임 타이머입니다. '뽀모도로 타이머'로 불리기도 해요.

　　　　　　　　　수학 진짜 잘하는 법을 알려줄게요.

늘려가면서 긴 시간, 수학적 사고를 할 수 있는 기초 체력(의지, 집중력)을 기르는 것이 중요합니다.

'**문제 집착력**'은 수학적 사고의 핵심입니다. 이는 **하나의 문제를 다양한 각도에서 바라보고 깊이 있게 탐구하는 힘**이죠. 문제를 한 번 읽고 넘어가는 것이 아니라 주어진 조건을 꼼꼼히 살피고, 문제가 묻는 것이 정확히 무엇인지를 파악하며, 알고 있는 개념과 어떻게 연결되는지 지속적으로 고민합니다. 수학 문제 풀이의 가장 이상적인 태도라고 할 수 있어요.

이러한 능력은 한 문제를 여러 번 다시 풀어보는 습관을 통해서 만들 수 있습니다. 문제의 답을 맞혔더라도 다른 풀이 방법은 없는지, 더 효율적인 풀이는 없는지 고민해보는 거예요. 문제집을 여러 번 풀어 보면 자연스럽게 이런 상황을 만들 수 있습니다. 오답 관리를 할 때에도 단순히 틀린 것을 확인하는 데서 그치지 말고 왜 그런 실수를 했는지, 어떤 개념을 잘못 이해했는지 꼼꼼히 살펴보는 것이 중요합니다. 또한 해설지를 보고 풀이를 베끼는 것이 아니라 왜 그렇게 풀 수밖에 없는지 스스로 다시 한번 풀어보고 자신의 말로 설명해 보는 것이 좋습니다.

어려운 문제를 피하지 않고 정면으로 마주하는 '도전 정신'도 수학 공부에 필수인 학습 태도입니다. 쉬운 문제부터 도전해서 조금씩 어려운 문제에 도전하는 것이 아니라 그저 쉬운 문제만 찾아 푸는 것은 실력 향상에 전혀 도움이 되지 않거니와 그저 도피하는 것일 뿐입니다. 처음에는 어려워 보이더라도 "이 정도는 할 수 있어." 하는 자신감을 가지고 도전하는 자세가 필요합니다. 실패하더라도 그 경험이 다음 문제 해결의 밑거름이 된다는 것을 기억해야 합니다.

이 도전 정신은 문제의 난도를 조금씩 높여가는 과정에서 기를 수 있습니다. 현재 수준보다 조금 더 어려운 문제에 하나씩 도전해 보되 처음에는 70% 정도(70%의 법칙 기억하시죠?) 해결할 수 있는 수준의 문제부터 시작하는 것이 좋습니다.

'스스로 해결하려는 의지'도 매우 중요합니다. 요즘은 인터넷뿐만 아니라 학습 앱에서도 문제 풀이를 쉽게 찾아볼 수 있지만(힘들게 답지를 숨기셔도 다 찾아보는 방법이 있답니다.), 이는 당연히 의미 있는 학습이 안 됩니다. 틀린 문제라고 해서 무턱대고 답을 찾아보는 것이 아니라 최대한 스스로 고민하고 해결하려는 노력이 필요해요.

중고등 수학에서는 여러 개념이 섞인 어려운 문제의 경우, 아무리 고민해 봐도 실마리를 찾지 못할 때가 있습니다. 그럴 때는 해설지를 빨리 보는 것이 오히려 시간 절약 차원에서 도움이 될 수 있습니다. 하지만 초등 때는 절대로 그렇게 해서는 안 돼요. 초등은 중고등 수학에 비해 문제 하나 속에 포함된 개념의 수가 많지 않거든요. 충분히 고민하면 대부분 해결할 수 있는 수준입니다. 게다가 고민하는 과정에서 '수학적 사고력'이 만들어지기 때문에 오히려 권장해야 하죠. (단, 그 문제 하나를 해결하는 데 너무 많은 시간을 할애하면 다른 학습에 지장을 줄 수 있기 때문에 시간 제한을 두는 것은 고려해야 합니다. 최소 5분에서 최대 1일까지 아이의 성향에 따라 조절하시면 됩니다.)

또한 문제의 해결 방법을 꼭 '답지'를 보는 것으로만 한정하지 말아주세요. 문제가 잘 풀리지 않는다는 것은 관련된 개념 학습이 온전히 되지 않았다는 의미이기도 합니다. 그런 상황이라면 고민하는 것을 멈추고 어떻게 해야 이 문제를 해결할 수 있을지 다른 방법을 찾아보아야 해요. 교과서, 관련된 영상, 수학 사전 혹은 비슷한 다른 문제 등을 찾아보는 것이 문제를 '스스로 해결하려는 노력'입니다.

이런 노력을 좀 더 체계적으로 하기 위해서는 평소에 개념 정리 노트·카드 등을 만들어 두거나 배운 내용을 다른 사람에게 설명해 보는 등의 학습 루틴을 만드는 것이 좋습니다.

중학교 이후의 수학 학습에는 좀 더 성숙한 학습 태도가 요구됩니다. 우선 '**일반화하려는 태도**'가 중요한데요, 이것은 **여러 문제 속에서 공통된 패턴과 원리를 찾아보려는 자세**를 말합니다. 예를 들어 이차방정식 문제를 여러 개 풀면서 '이런 유형의 문제는 왜 근의 공식으로 풀면 풀릴까?', '이 공식은 어떤 원리로 만들어졌지?'처럼 생각할 수 있어요. 또는 도형 문제들을 풀면서 '이런 상황에서는 왜 항상 이런 보조선이 필요하지?' 하고 의문을 품어 보는 겁니다.

이처럼 같은 개념의 문제들을 다각도로 바라보고 그 속에 숨은 원리를 발견하려는 태도는 나중에 문제가 아무리 복잡하게 변형되더라도 해결의 실마리를 찾을 수 있게 도와줍니다.

또한 '**분석하려는 태도**'도 중요합니다. 이는 **새로운 문제를 만났을 때 당황하지 않고 차근차근 문제의 구조를 파악하려는 자세**로서 '출제자의 의도'를 파악하는 과정이기도 합니다. 복잡한 문제를 마주했을 때 '지금 내가 알고 있는 게 뭐지?', '이 문제가 결국 묻

수학 진짜 잘하는 법을 알려줄게요.

는 것은 뭘까?', '어떤 성질을 이용하면 좋을까?' 하고 스스로에게 질문을 던지며 문제를 탐구해 보는 것이죠. 특히 여러 개념이 복합된 문제의 경우, 어떤 순서로 접근하면 좋을지 차분히 생각하는 자세를 취하는 것입니다.

'일반화하려는 태도'와 '분석하려는 태도'는 결국 같은 효과가 있지만 서로 다른 방향을 바라보고 있다는 점이 흥미롭습니다. 일반화하려는 태도는 이미 해결한 문제들을 되돌아보며 공통된 원리를 찾으려 하지만 분석하려는 태도는 새로운 문제를 마주했을 때 그 구조를 파악하려고 하죠. **둘 다 수학적 사고의 핵심이 되는 태도**로서 수학을 잘하고 싶은 학생이라면 누구나 갖추어야 하는, 초등 때부터 차근차근 길러 나가야 할 중요한 자세입니다.

이러한 태도는 하루아침에 형성되지 않습니다. 모든 학습이 그렇듯 꾸준한 연습과 실천이 필요해요. 처음에는 이런 자세로 문제를 대하는 것이 어색하고 시간도 많이 걸리겠지만 이를 평소 수학 공부의 일부로 받아들이면서 꾸준히 실천하다 보면 어느새 자연스러운 자신만의 학습 태도가 형성될 것입니다.

초등 때 반드시 갖춰야 할 수학 학습 습관 5가지

수학 실력의 향상은 단순한 지식의 축적이 아니라 올바른 학습 습관에서 시작됩니다. 특히 초등학교 시기는 이러한 기본적인 학습 습관이 형성되는 중요한 때이죠. 여기서 놓쳐 버리면 중학교, 고등학교로 갈수록 아이들 간의 실력 격차가 더욱 커지게 됩니다.

가장 먼저 길러야 할 것은 '**스스로 자신의 공부를 챙기는 습관**'입니다. 다른 말로 자기주도성이라고 표현할 수 있는데요, 이는 본인이 직접 학습의 주체가 되어서 전체적인 학습 과정을 이끌어 가는 것을 말합니다. 구체적으로는 자신의 학습 상태를 객관적으로 파악하고 그에 맞는 계획을 세운 후 실천 과정에서 발생하는 문제점을 스스로 발견하고 개선하는 거예요. 이를 위해서는 메타인지, 즉 자신의 학습을 객관적으로 바라보는 능력이 필수적입니다. '이 부분은 왜 이해가 안 될까?', '이런 유형의 문제에는 왜 자꾸 실수하지?' 하고 스스로를 돌아보는 습관이 필요해요. 이 과정에서 사교육의 도움이 필요하다는 판단이 서면 그것 역시 자신의

수학 진짜 잘하는 법을 알려줄게요.

판단하에 적극적으로 활용할 수 있는 겁니다.

중요한 것은 이러한 과정이 일회성이 아닌 선순환으로 이어져야 한다는 거예요. 계획하고 실천하고 점검하고 개선하는 과정이 자연스러운 습관이 될 때, 진정한 의미의 자기주도학습이 이뤄질 수 있으니까요. 당연히 초등학생인 아이가 처음부터 완벽하게 자기주도학습을 할 수는 없기 때문에 학부모님의 도움이 많이 필요합니다. 현재 상태를 점검하는 방법에는 어떤 것이 있는지 알려주시고, 아이와 함께 계획을 세우되 실천 부분만큼은 온전히 아이에게 책임을 지워 주세요. 그러고 나서 피드백을 해주며 그다음 과정에서는 아이의 책임 분량을 조금 더 늘려주시는 거죠. 이런 과정을 지속해야만 고등학생이 되었을 때 온전한 자기주도가 가능해지는 것입니다.

둘째로 **"왜?"라는 질문을 습관화**하는 겁니다. 수학 개념을 배우고 문제를 풀면서 단순히 공식을 외우고 적용하는 것이 아니라 그 공식이 왜 그렇게 되는지, 그 방법을 써야 하는 이유가 무엇인지를 늘 궁금해하는 자세가 필요합니다. 이때 부모님의 역할이 매우 중요한데요, 아이가 "왜?"라고 물었을 때, 부모님이 답할 수 있는 것은 충분히 설명해 주시고, 부모님도 잘 모르는 부분에 대해서는 "함께 찾아볼래?" 하며 적극적인 자세를 보여주어야 합니다. 물론, "왜?"라는 질문 자체를 할 생각조차 하지 않는 아이들이 있죠. 그럴 땐 테스트하는 것처럼 보이지 않는 선에서 "이건 왜 그럴까? 안 궁금해? 엄마/아빠는 너무 궁금한데… 우리 같이 찾아볼래?" 하며 아이의 행동을 이끌어주세요. 이런 과정을 통해서 아이는 수학이 외우면서 공부하는 것이 아니라 탐구와 이해의 대상이라는 것을 깨닫게 될 겁니다.

셋째로 **'확인하는 습관'을 갖는 것**입니다. 수학 학습 과정에서 필요한 '확인'으로 가장 대표적인 것은 '검산'입니다. 많은 아이들이 답을 구하고 나면 바로 다음 문제로 넘어가죠? 하지만 이것은 때때로 매우 위험한 습관이 될 수도 있습니다. 수학에서 실수는 언제든 발생할 수 있고 작은 실수 하나가 오랜 시간 애써 푼 문제 전체를 틀리게 만들 수도 있기 때문입니다. 그래서 비교적 간단한 연산을 하는 초등 때부터 문제를 푸는 중간에 검산을 하는 루틴을 만들어주는 것이 좋습니다.

검산의 방법은 문제의 종류에 따라 다양합니다. 예를 들어 덧셈이라면 거꾸로 빼 보기, 뺄셈이라면 답에 뺀 수를 더해 보기, 곱셈이라면 몇 번을 더했는지 확인해 보기, 나눗셈이라면 몫과

수학 진짜 잘하는 법을 알려줄게요.

나누는 수를 곱해 보는 등의 방법이 있어요. 모든 문제를 두 번 푸는 것처럼 시간 낭비를 할 필요는 없지만 검산하는 방법을 아는 것만으로도 풀이 메커니즘을 정확히 이해하고 있는 셈이기 때문에 실수를 상당 부분 줄일 수 있습니다.

만약 검산 때문에 연산 속도가 느려질까 봐 걱정이 되신다면 $\frac{1}{3}$, 즉 세 문제 중에서 한 문제만 검산해 봐도 괜찮습니다. 검산을 언제든 할 준비가 되어 있다는 것이 더 중요하거든요. 게다가 검산을 습관화하면 풀이 과정을 또박또박 쓰도록 교정이 되는 부수 효과도 얻을 수 있습니다. 검산 식을 온전히 새로 쓰는 경우도 있지만 풀이 과정을 거슬러 올라가며 눈으로 확인하는 것도 검산의 한 방법이기 때문이에요. 틀린 문제의 경우, 단순히 답을 고치는 것이 아니라 어디서 실수했는지를 작성한 풀이에서 찾아보는 것처럼 말입니다. 계산 실수였는지, 문제를 잘못 이해했는지 아니면 공식을 잘못 적용했는지 등을 확인하는 거죠. 예를 들어 '95 + 67'을 풀다가 틀렸다면 받아올림을 잘못했는지, 숫자를 잘못 읽었는지 등을 찾아내는 겁니다.

처음에는 이렇게 확인하는 것이 귀찮고 시간이 많이 걸리는 것처럼 느껴질 수 있습니다만 이것은 결코 낭비가 아니라 꼭 필요한 과정입니다. 확인하는 과정에서 개념을 더 잘 이해하게 되고 비슷한 실수를 반복하지 않게 되며 문제 해결 능력도 자연스럽게 향상되기 때문이에요. 시간이 조금 더 걸리더라도 이러한 확인 습관을 들이는 것이 결과적으로는 더 빨리 더 정확하게 문제를 해결하는 방법입니다.

넷째로 '**무엇이든 쓰는 습관**'입니다. 일단 배운 내용을 나만의 언어로 정리하는 습관이 있어야 해요. 한마디로 새롭게 알게 된 내용을 그냥 흘려 보내지 않고 자신만의 방식으로 정리하는 거죠. 이를 위해서는 '나만의 비법 노트'를 만들어보는 것을 추천합니다. 선생님의 설명이나 교과서의 내용을 그대로 베끼는 것이 아니라 자신이 이해한 방식대로 다시 써보는 건데요, 처음에는 서툴고 시간도 많이 걸리겠지만 이런 과정이 지속되면 마치 '비법서'를 가진 듯이 마음이 든든해지고 실제로 이것을 통해서 진정한 이해와 기억이 가능해집니다.

일전에 〈교집합 스튜디오〉에서 수능 만점으로 서울대에 입학한 학생을 인터뷰한 적이 있었습니다. 수학을 제일 좋아하는 학생이었는데, 여러 가지로 힘들었던 고등학교 시절에 교과서나 문제집 구석에 '일기(?)'를 쓰면서 마음을 다잡았다는 말을 하더군요. 거창한 것이 아니라 문제가 잘 해결되지 않거나 머릿속이

수학 진짜 잘하는 법을 알려줄게요.

복잡할 때 "뭐가 문제지? ○○야, 정신 안 차릴래? 이 문제는 ○
○을 물어보는 거잖아. 그럼 어떻게 해야 해? ○○이 아닐까? 근
데 해봐도 잘 안되네. 다른 건 없을까?"라는 식으로 자신과 나눈
대화를 기록했다는 거예요. 그러다 보면 생각이 정리되며 문제
풀이 아이디어가 떠오르기도 하고, 때로는 스스로 격려하고 용기
도 줄 수 있어서 이것이 수능 만점의 비법 중 하나라고 했습니다.

쓰는 공부는 아무리 강조해도 지나치지 않습니다. 이런 글은
누구에게 보여주기 위한 것이 아니라 자신의 상황을 객관적으로
판단하는 '과정의 기록'이기 때문에 어른이 되어도 좋은 습관으
로 이어갈 수 있습니다. 아이와 함께 학부모님도 같이 해보시기
를 추천드립니다.

마지막으로 갖추어야 할 습관은 '**마무리하는 습관**'입니다. 그
날 계획한 공부나 과제는 그날 반드시 완수하는 습관을 들여야
합니다. 이는 단순한 시간 관리의 문제가 아니예요. 일단 수학은
개념들이 서로 연결되어 있기 때문에 하나를 미루다가 빼먹어 버
리면 그다음 것을 이해하기가 더 어려워질 수 있습니다. 오늘 이
해하지 못한 개념이 내일의 수업에도 영향을 미치고, 그것이 또
다음 수업의 걸림돌이 되는 식이죠. 수학은 개념의 위계가 뚜렷

한 과목이기 때문에 한 번 무너진 기초를 바로잡는 데에는 몇 배의 시간과 노력이 필요합니다.

게다가 매일 학습의 관점에서도 미루는 습관으로 인해 과제가 눈덩이처럼 불어나기 쉽습니다. 그러다 결국 과부하 상태가 되어 버리죠. 그러니 처음에는 무리하지 않는 선에서 계획을 세우도록 하세요. 하루에 두 시간을 공부하겠다는 계획보다는 한 시간이라도 확실히 마무리하는 것이 더 효과적입니다. 또한 시간을 정했다면 그 시간만큼은 온전히 수학에 집중하고 계획한 바는 반드시 완료하는 습관을 들여야 합니다.

'마무리'란 단순히 정한 분량의 문제를 다 푸는 것, 과제를 다 하는 것에서 끝나지 않아야 합니다. 그날 배운 내용을 간단히 복습하고, 이해가 부족한 부분을 체크해 두며, 다음 학습의 계획에 반영하는 것까지 포함해야 해요. 이러한 꼼꼼한 마무리 습관이 쌓이면 수학 실력도 자연스럽게 향상될 것입니다.

수학 진짜 잘하는 법을 알려줄게요.

아무리 강조해도 지나치지 않는 '수학 문해력' 기르기

수학 실력이 뛰어난 아이들도 '이것'의 유무에 따라 최상위권과 상위권으로 갈립니다. 바로 '수학 문해력'인데요. 일반적으로 문해력은 국어, 영어와 같은 언어 역량 중 하나라고 생각하지만 수학에도 문해력은 반드시 필요합니다. 단순히 문제를 풀 수 있는 것을 넘어서 문제의 본질을 정확히 파악하고 그 해결 과정을 논리적으로 설명할 수 있는 능력이 필요하기 때문이에요. 특히 주목할 점은 이러한 문해력이 수학 실력 자체도 끌어올린다는 사실입니다. 문제를 정확히 이해하고 분석하는 능력이 향상되면 자연스럽게 문제 해결력과 추론 능력도 함께 발달하기 때문입니다.

수학 문해력은 크게 '읽기'와 '쓰기', 이 두 가지 영역으로 나눌 수 있습니다. 읽기 능력은 문장제 문제와 같은 긴 지문을 읽고 핵심을 파악하는 것을 말하고 쓰기 능력은 자신이 이해한 내용과 해결 과정을 논리적으로 서술하는 것을 의미합니다. 이 두 가지 능력은 서로 밀접하게 연관되어 있으며 초등학교 시기부터 체계적으로 길러 나가야 합니다.

문장제 문제 정복하기

초등 수학에서 수능 수학까지, 아이들이 수학 문제에서 긴 글을 만나는 것이 더는 낯설지 않습니다. 하지만 이런 긴 문제, 즉 문장제 문제를 풀기 싫어하는 아이가 정말 많지요. 또 억지로 연습을 시켜 보아도 성적이 안 나오는 아이 역시 참 많습니다.

아이들이 문장제 문제를 싫어하고 잘 못 푸는 가장 대표적인 이유는 '잘 모르기 때문'입니다. 아니 정확하게 말하면 '잘 못할 것 같아서'예요. 그런데 정말, 문장제 문제가 그렇게 어려울까요? 아니요! 작정하고 고난도로 출제한 문제가 아니라면 일반적으로는 그렇게 어려운 수준이 아닙니다. 한번 따져 보겠습니다.

보통의 수학 문제는 '수학 역량'만을 묻는 데 비해 문장제 유형은 수학 역량에다가 '수학 문해력'까지 묻습니다. 그런데 문제 자체가 어렵다? 그럼 그 문제를 실제로 풀 수 있는 아이는 많지 않을 겁니다. 자신 없는 아이는 아예 '포기'하는 유형이 될 거예요. 교육적 차원에서 그런 유형이 존재하는 것은 바람직하지 않아요. 이것이 학교 시험이 그렇게 출제되지 않는 이유입니다. 한마디로 문장제 문제는 겉보기만큼 어렵지 않은 문제가 대부분입니다. 이걸 아이와 학부모님이 우선 알아야 해요.

문장제 문제는 난이도에 따라 다르지만 초 1 때부터 문제집에 등장합니다. 반드시 해야 하는 공부의 영역이죠. 그런데 아이와 문제를 풀 때마다 실랑이하기도 힘들고 또 굳이 수학 때문에 스트레스는 줄 때가 아니라는 생각 때문에 초등 땐 아이가 거부하면 그냥 넘어가는 분이 많습니다. 하지만 중 1 첫 시험부터 문장제 문제는 아이들의 현실이 되어 버려요. 그리고 중 2의 1학기가 되면 기말고사 수학 시험지의 절반이 문장제 문제로 채워집니다. (범위가 그렇습니다.) '아 미리 공부 좀 시킬걸.' 하고 후회해도 너무 늦어 버린 거죠. 그렇다면 미리부터 따로 공부해 두어야 하지 않을까요?

　　우선 긴 문장으로 구성된 문제를 이해하고 고득점을 얻기 위해서는 **일상적으로 쓰이는 '일상적 어휘'와 함께 수학 개념 및 용어로 불리는 '수학적 어휘'를 익히는 것이 필수적**입니다. 하지만 쓰여 있는 어휘와 표현의 의미, 모두를 잘 알고 있어도 문제 해결이 어려운 경우가 있어요. 가장 대표적인 경우가 긴 문제의 '상황'이 머릿속에 잘 그려지지 않을 때입니다.

　　수학 문제에는 글자 못지않게 수많은 기호와 문자가 등장하는데요, 특히 중등부터는 미지수 x와 상수 a 등 기호와 문자가 폭발적으로 많이 등장하기 시작합니다. 그래서 문장 하나하나를 따져가며 이해하기 위해서는 생각보다 많은 시간과 집중력이 필요해요. 그리고 이때 가장 중요한 능력은 **그림, 도표와 같은 시각적인 요소를 사용하여 '문제 상황을 정확하게 파악'하는 것**입니다. 이것이 문장제 문제 정복의 두 번째 단계입니다.

일부 아이는 따로 배우지 않아도 이 방법을 당연하게 사용하고 이를 바탕으로 그다음 과정인 문제 해결까지 어렵지 않게 해 나갑니다. 하지만 수학이 어려운 아이는 이 과정에서 막혀 버리니 그다음으로 절대 나갈 수가 없죠. 바로 그 순간에 이 문제를 풀 수 있느냐 없느냐가 결정되는 것입니다. 그러니 초등학생 때부터 길이가 두 줄 이상인 수학 문제를 만나면 그때마다 문제 상황을 그림이나 도표 등으로 표현하는 연습을 시켜주세요.

시각화도 종류가 많아서 어떤 방식이 더 좋다고 단언할 수는 없지만 가장 쉽게 도전할 수 있는 것은 '그림'입니다. 그림은 아주 잘 그릴 필요도 없어요. 문제 상황을 이해했고 그 결과를 어떻게든 설명할 수 있는 수준이면 됩니다. 바로 다음의 그림처럼요.

수학 진짜 잘하는 법을 알려줄게요.

1. 유리병에 음료수 $2\frac{9}{5}$ L가 담겨 있었습니다. 지연이가 $1\frac{2}{9}$ L를 마셨는데 엄마가 다시 $\frac{23}{9}$ L를 채워 넣었다면 현재 유리병 속에 남아 있는 음료수는 몇 L일까요?

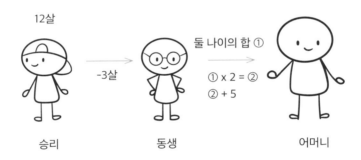

2. 승리는 12살이고 동생의 나이는 승리보다 3살이 적습니다. 어머니의 나이는 승리와 동생 나이의 합의 2배보다 5살이 더 많습니다. 어머니의 현재 나이는 몇 살인지 구하세요.

이처럼 조금 복잡해 보이는 문제도 그림이나 도표로 표현하면 문제 상황이 한눈에 보이게 됩니다. 시각화 단계를 거치고 나면 복잡한 문장제 문제가 그동안 우리 아이가 수없이 풀어봤던 간단한 연산 문제로 바뀌는 거죠.

훈련은 절대 어려운 문제로 시작하는 것이 아닙니다. 아이가 스스로 할 수 있겠다고 생각하는 '아주 쉬운 문제'부터 조금씩 단계를 높이면서 연습해야 해요. 그래서 조금이라도 복잡해 보이는 문제를 만났을 때 곧바로 그림을 그리는 것이 습관(거의 자동 반사)이 되어야 합니다.

그러고나면 세 번째는 **문제 분석 단계**입니다. 수학 문제는 대체로 '조건'과 '질문'으로 이루어져 있습니다. 문제를 구성하는 글 전체에 필요 없는 문장은 거의 없는 편이죠. 그래서 잘 모르는 문제를 푸는 요령으로 '조건과 질문을 구분하고 조건을 나열하다 보면 실마리가 보인다'는 필승 전략이 있을 정도입니다. 보통 수학 문제에서 묻고자 하는 것(질문)은 가장 마지막 문장에 나옵니다. "나타내시오", "구하시오", "쓰시오", "몇입니까?"와 같은 표현으로요. 그러니 우선 조건과 질문을 구분하기 위해서 전체 문장과 마지막 문장 사이에 빗금(/) 표시를 해서 나누는 것을 알려주

수학 진짜 잘하는 법을 알려줄게요.

세요. 우리는 마지막 문장 속 질문의 답을 내야 하니까요. 그러고 나서 '끊어 읽기'라고 하죠? 마지막 문장을 제외한 전체 문장을 읽으면서 수학 어휘가 등장하는 곳마다 모두 끊어 읽기를 해보는 겁니다. 그리고 각 부분을 식으로 표현할 수 없는지를 궁리해 보게 합니다. 때로는 한 부분이 그대로 식이 되기도 하고, 어떤 부분은 두세 부분을 묶어야 하나의 식이 나올 거예요.

만약 일반 교과 문제집으로 문장제 문제 연습을 하기가 번거롭다는 생각이 드시는 분은 시중에 많이 출간되어 있는 다음 표의 문장제 문제집 중 한 권을 선정해 풀게 하시면 됩니다. 유형마다 어떻게 문장을 식으로 변환하는지 '풀이 과정'을 설명해 주고 있으니 한 권 정도만 연습하면 아이도 감을 잡을 거예요.

추천 문장제 문제집
기적의 수학 문장제, 초등수학 문장제 개념이 먼저다, 나 혼자 푼다 바빠 수학 문장제, 완자 공부력 초등 수학 문장제, 초등 문해력 독해가 힘이다 문장제 수학편

만일 한 권을 모두 끝냈는데도 연습이 더 필요하다는 생각이 든다면 (습관이 들지 않았다면) 한 학기 정도는 지속해 봐도 괜

찮습니다. 다만 문장제 문제집이 모든 학기에 필요한 필수 문제집은 아니라는 것은 기억해 두세요. 1년 정도 연습한 후에는 일반 교과 문제집 속 문장제 문제만으로도 충분히 습관을 이어갈 수 있습니다.

서술형 문제 정복하기

수학 문해력이 부족한 아이가 읽기 문제인 문장제 문제를 어느 정도 익숙하게 연습하고 나면 '쓰기' 능력을 평가하는 '서술형 문제'라는 또 다른 도전 과제가 등장합니다. 지필고사 서·논술형 문제뿐만 아니라 수행평가와, 더 나아가 대입에서의 수리논술이나 구술면접까지, 수학 쓰기 능력이 중요한 비중을 차지하는 모든 시험 준비의 기본은 '서술형 답안 쓰기'인데요, 객관식과 단답형 수학 문제에 익숙한 부모 세대에게는 낯선 시험 방식이지만, 아이가 좋은 성적을 받게 하려면 평소에 서술형 문제를 다각도로 충분히 써보는 연습을 시켜야 합니다.

수학 서술형 문제의 답안은 보통 1) 식의 전개 과정에서 적

수학 진짜 잘하는 법을 알려줄게요.

절한 수학 기호를 사용했는지 2) 서술 과정에서 올바른 수학적 용어를 사용하여 논리적으로 표현하였는지 등을 평가합니다. 이를 대비하는 과정에서 자연스럽게 수학 역량이 개발되고 풀이의 정확성이 높아지죠.

보통 지필시험의 서·논술형 문제는 '풀이과정형'으로 출제됩니다. 풀이과정형이란, 말 그대로 풀이 과정을 나열하는 문제를 가리켜요. 연산 과정이 매우 중요한 유형이기 때문에 계산 과정에서 누락되는 식과 불필요한 연산 과정을 최대한 없애고 수학 기호, 계산 실수 등에 주의해야 합니다.

가장 대표적인 실수가 바로 등호(=)의 잘못된 사용입니다. 등호의 수학 사전상 의미는 '두 개의 대상이 서로 같다는 것을 나타낼 때 사용하는 기호(=)로서 =의 왼쪽에 있는 것과 오른쪽에 있는 것이 서로 같다는 것'입니다. 그런데 풀이 과정 중 많은 아이들이 이 등호를 습관적으로 줄바꿈의 의미처럼 잘못 사용하곤 해요. 이 문제가 객관식 문제였다면 별문제없이 넘어갈 수도 있지만(?) 만약 서술형 문제로 출제되었다면 100% 감점 요인이 됩니다. 사실은 객관식 문제조차도 사소한 기재 실수가 반복되면 결국엔 오답을 낼 가능성이 높겠지요. 그러니 문제가 객관식이든 서술형이든 제대로 된 풀이 습관을 들여야 하는 것은 당연합니다. 이는 평소 서술형 문제 연습 과정에서 모두 교정할 수 있으니 실전 서술형 문제 답안은 다음 사항을 고려하여 지도해 주시기 바랍니다.

1) 질문의 요지를 이해하고 문제가 길수록 조건이 무엇인지를 정확하게 파악해야 합니다. 이때 '문장제 문제' 파트에서 설명한 끊어 읽기 방식으로 각 조건을 순서대로 나열하면 그것이 바로 풀이 과정이 됩니다.

2) 문제집의 빈 공간이 아니라 서술형 연습용 풀이 노트를 따로 마련하여 손으로 또박또박 쓰는 습관을 길러주세요. 처음에는 몇 줄 쓰지 못하거나 반대로 너무 장황하게 쓰던 아이도 반복적으로 연습하다 보면 자신만의 서술형 풀이 방법을 터득하게 됩니다.

3) 서술형 풀이 연습에는 '해설지'가 필수입니다. 해설지와 자신의 풀이와 비교했을 때 자기 답안에 빠진 것은 없는지, 너무 장황하게 적지는 않았는지를 확인하게 하세요. 서술형 문제의 해설지에는 각 문제의 핵심 개념과 감점 포인트가 자세하게 쓰여 있으니 출제자의 의도를 파악하는 용도로도 활용하면 좋습니다. 요즘은 서술형 시험 문제가 확대됨에

수학 진짜 잘하는 법을 알려줄게요.

따라 각 출판사에서 나오는 해설지의 분량이 많은 편이고 또 자세하니, 이 해설지를 서술형 답안의 가이드로 활용하시면 됩니다.

한 가지 더 팁을 드리자면, 중학교 지필시험의 논술형 문제는 2~3년을 주기로 반복되는 경향이 있습니다. 문제 은행 식 출제인 데다 해당 단원에서 출제할 수 있는 논술 유형의 문제는 한계가 있기 때문이에요. (보통 실생활 복합 문제인데 예시가 한정적인 경우가 많습니다.) 그래서 같은 교과서를 사용하는 학교들 간에 유사한 문제가 출제되는 경우가 많으니 자교, 또는 타학교의 기출 시험지와 교과서를 꼼꼼하게 검토하면 좋은 점수를 받을 수 있습니다.

초등 때부터 훈련해야 하는
필수 수학 학습법

. . .

가장 기본, 교과서 톺아보기

새로운 수학 단원이나 과정을 시작할 때 대부분은 문제집부터 골라서 풀기 시작합니다. 핵심 내용을 요약적으로 정리해 주는 문제집이 공부하기에 더 편리해 보이기 때문이죠. 하지만 **수학 학습의 첫 단추는 '교과서'로 꿰어야 합니다.**

교과서는 불친절합니다. 'A는 B이다'는 식의 단순 명제로 개념을 정리해 주지 않고, 때로는 중요한 내용도 직접적으로 설명하지 않습니다. 하지만 이건 의도된 '불친절함'이에요. 교과서는 학생들이 이미 알고 있는 개념이나 친숙한 상황을 출발점으로 삼아서 (읽을 거리를 제공하고) 새로운 개념으로 자연스럽게 이어지도록 세심하게 설계되어 있습니다.

예를 들어, 분수를 처음 배울 때 교과서는 바로 분수의 정의나 분모와 분자를 설명하지 않습니다. 그 대신 피자를 나누는 것과 같은 일상적인 상황으로 시작하여 아이들이 스스로 분수의 필요성과 개념을 발견할 수 있도록 유도하죠. 반면에 문제집은 효율성에 초점을 맞춥니다. 그래서 개념을 최대한 간단히 정리해서 제시해요. 이런 방식은 개념을 빠르게 훑어보고 바로 문제 풀이로 넘어가는 데는 유리할 수 있지만, 수학은 단순 암기 과목이 아니라 이해해야 하는 과목입니다. 개념의 형성 과정을 생략한 채 결과만 외우는 것은 진정한 수학 학습이라 할 수 없고요.

교과서 200% 활용하기

앞서 '기본 문제집'에 대해 언급한 적이 있습니다. 기본 문제집이란 우리 아이가 풀어야 할 가장 적합한 수준의 문제집인 동

수학 진짜 잘하는 법을 알려줄게요.

시에 추후 '단권화'를 해야 할 문제집이에요. 반복 풀이를 통한 복습도 가장 많이 해야 하고, 새로 알게 된 연관 문제나 심화 문제도 함께 기록해 두면 좋으며, 내신 대비 시간이나 수능에 앞서 마지막으로 봐야 할 '핵심 도구'죠.

그런데 **교과서도 이 기본 문제집과 동일한 역할을 해야 합니다. 아니, 훨씬 더 중요한 '바이블 역할'을 해야 해요.** 일단 '제 역할을 하는 교과서'라면 너덜너덜해져야 합니다. 중요한 부분과 모르는 부분은 각각의 색깔 펜으로 표시하고, 다른 학습 도구(수업, 문제집 등)를 통해 새로 알게 된 것도 관련 내용 옆에 추가로 기록해야 해요. (보통 포스트잇 등을 활용합니다.) 때로는 중요 문제(또는 자주 틀리는 문제)를 잘라 붙이거나 손으로 만들어 본 평면 교구(입체도형의 겨냥도 같은 것)를 끼워서 붙여 놓을 수도 있어요. 단, 교과서는 불친절하기 때문에 '나만의 언어로 정리'한 것(메모나 표시 정도의 수준도 괜찮아요.)이 반드시 추가되어야 합니다. 하지만 이처럼 추가해야 할 것이 많은 교재임에도 **교과서가 가장 기본이어야 하는 이유**가 있습니다.

가장 큰 이유는 '**학습 목표**' 때문입니다. 학습 목표는 이 단원에서 어떤 내용을 공부하는지 학습 초반에 인지해야 할 '목적',

즉 방향성임과 동시에, 마치고 난 후 핵심 내용을 잘 이해했는지 확인하는 '기준'이기도 합니다. 한마디로 쓸데없이 과잉 공부를 하지 않고 꼭 알아야 하는 핵심만 공부할 수 있도록 도와주죠. 이미 배운 연관 개념(지난 학기에 배운 내용)과 실생활 속 예시(교과서 속 단원 도입부)로 단원을 시작하기 때문에 교과서는 누구나 어렵지 않게 독학으로 공부할 수 있는 쉬운 교재이기도 합니다.

수학 교과서는 다른 과목에 비해 '교과서 속 개념의 흐름'대로 공부하는 것이 중요합니다. 특히 초등 수학 교과서는 명시적인 설명이 있는 부분도 있지만 개별 사례에서 하나씩 단계를 거쳐가면서 일반적인 원리를 스스로 이해할 수 있도록 구성되어 있습니다. (활동 1, 2, 3 이렇게 숫자가 붙여진 교과서도 있습니다.) 찾아보고 나타내 보고 말해보고 활동해 보는 등 여러 가지 과정을 거쳐서 "풀어보세요", "구해 보세요" 단계까지 가게 되죠. 중고등 수학 교과서는 초등 것과는 조금 다른데요, 순서대로 봐야 하는 것은 두 책 모두 동일하지만 초등 교과서에 비해 훨씬 더 내용도 많거니와 자세히도 풀어서 써 놓았습니다. 다만 설명하는 방식이나 예시 문항 등이 교과서마다 조금씩 다르게 표현되어 있기 때문에 2 종류 이상의 교과서를 비교해 가며 읽는 것을 추천합니다.

수학 교과서에는 **개념 학습에 도움이 되고 배경지식도 쌓을 수**

수학 진짜 잘하는 법을 알려줄게요.

있는 '읽을 거리'가 생각보다 많습니다. 도입부의 '읽을 거리'는 보통 실생활과 관련하여 이번 단원에서 배울 개념을 '미리 보기'할 수 있는 부분입니다. 아이들의 흥미를 끌 수 있는 부분이면서 수학이 실생활과 영 동떨어진 학문이 아니라는 것을 보여주는 증거이기도 하죠. 특히 중고등 교과서의 읽을 거리는 내신 시험의 논술형 문제로 변형되어 자주 출제됩니다. 따라서 학교에서 따로 배우지 않더라도 평소 수학 교과서 읽기를 통해 이런 작은 부분까지도 꼼꼼히 읽는 습관을 들여야 합니다.

마지막으로, **단원마다 새롭게 등장하는 수학 용어(어휘)부터 그림, 도형, 기호, 도표, 언어적 표현까지 교과서에 있는 수학적 표현을 자주 보고 빠짐없이 익힐 수 있도록 지도**해 주셔야 합니다. 이는 아이들이 가장 어려워하는 문장제 문제를 기호와 식으로 쉽게 바꿔서 서술형 답안을 잘 쓸 수 있도록 도와줍니다.

선행 학습을 시작할 때는 개념 학습을 위한 교재로 교과서가 가장 기본이 되지만, 정리된 내용이나 익힌 개념을 다양한 문제에 좀 더 적용해 보기 위해서 보조 교재로 개념서를 활용해 보는 것도 좋은 방법입니다. 개념서는 교과서의 함축적인 내용을 좀 더 자세히 설명해 주기도 하고 더 많은 예시를 제공하거든요.

하지만 이때도 개념서가 교과서를 대체하는 것이 아니라 보완하는 역할을 한다는 점은 기억해야 합니다. 개념서를 이용해 교과서를 더욱 살찌워 주시기 바랍니다.

나만의 교과서 만들기

수학 복습(후행) 도구로 강력 추천하는 것은 지난 학기·학년의 '우리 아이 교과서'입니다. 교과서의 중요성은 학기가 모두 끝난 후, 심지어 초등 과정, 중등 과정 등 각 학교의 교과과정 전체를 마무리할 때까지도 줄어들지 않는데요, 그래서 항상 학부모님께 **초등 과정이 끝나기 전까지는 절대로 아이의 수학 교과서를 버리지 말라**는 당부를 드리곤 합니다. 성실히 수업을 받아온 아이라면 수학 교과서 속에 학습 이해에 관한 흔적이 남아 있기 마련이고 그 흔적을 찾는 것에서부터 복습이 시작되기 때문입니다.

하지만 교과서의 모든 부분이 다 중요하지는 않습니다. 지금도 이해하기 쉽지 않은 부분, 수업 시간에 중요하다고 강조되었던 부분, 타 학년(다음 학년)의 단원과 연계도가 높은 단원만 잘라

수학 진짜 잘하는 법을 알려줄게요.

내세요. (잊지 않으셨죠? 교과서는 도구, 필요하다면 잘라서 편집해도 됩니다.) 물론 교과서의 나머지 부분도 초등 과정이 끝날 때까지는 보관해야 합니다. 잘 알고 있다고 생각했던 부분에서 갑자기 구멍이 발견될 수도 있으니까요.

이렇게 잘라낸 모든 특정 단원의 교과서를 가지고 이제 우리 아이만의 새로운 교과서를 만드는 겁니다. 예를 들면, 도형 단원만 나오면 항상 어려워했던 아이는 학년이 지나면 도형 단원만 잘라내고 묶어서 〈도형 교과서〉를 만들 수 있을 겁니다. 그리고 다음 학년의 도형 단원이 시작되기 전에 이 도형 교과서를 꺼내어 기본 개념은 교과서로 복습하고 도형 영역 특화 문제집인 《플라토》,《빨라지고 강해지는 이것이 도형이다》,《초등 수해력 도형·측정》,《기적 특강 초등 도형》 등으로 적용하고 확인하는 것이죠. 이러한 체계적인 복습이 진정한 후행 학습입니다. 이 과정을 거친 아이라면 지나간 학년에 학습 구멍이 남을 수 있을까요? '아, 해보면 좋겠다.'라고 생각만 하지 마시고 지금 바로 시작해 보시기 바랍니다.

수학 공부의 시작, '개념' 학습법

수학은 '개념을 제대로 알아야 한다'는 말과, 수학 문제를 제대로 풀기 위해서는 '개념들을 잘 조합해야 한다'는 말을 들어 보셨을 겁니다. 하나의 문제 안에 적용된 개념의 개수가 많을수록 고난도 문제일 가능성이 높아지는데요, 그래서인지 개념의 개수가 극단적으로 많이 포함된 문제가 수능 수학, 킬러 문제로 출제되곤 했었습니다.

EBS의 〈대한민국 수학교육 보고서 1부 수학, 우리가 절망하는 몇 가지 이유〉(2018. 3. 24.)라는 프로그램에서는 2018학년도 수능 수학 (나)형 30번 문항에 수학 개념이 몇 개나 적용되었는지를 현직 초중고 선생님들이 함께 체크해 보는 장면이 나옵니다. 그해에 출제된 문제 중 가장 어려웠다는 킬러 문항이긴 했지만 문제 1개에 적용된 수학 개념의 개수는 초등 26개, 중등 15개, 고등 15개로 총 56개였어요.

만일 이 문제를 시험장에서 만났을 때, 56개 중 하나라도 잘못 알고 있거나 모르는 개념이 있었다면 이 문제를 푸는 데 상당히 애를 먹었을 겁니다. 그리고 모든 개념을 개별적으로 안다고

수학 진짜 잘하는 법을 알려줄게요.

해도 그 개념들의 조합이 만들어낸 '앙상블' 같은 문제를 해석하는 데 실패했을 수도 있겠죠. 그래서인지 실제 그 문제의 정답률은 7.1%였다고 해요. 다른 해의 킬러 문항과 비교했을 때 비교적 정답률이 높은 편이었음에도 이 문제의 난이도에 대해서 비판의 소리가 높았습니다.

그때와 비교했을 때 현재 수능 수학은 킬러 문제는 배제하고 출제하고 있고, 2028학년도 이후부터는 문이과 통합 수능이기 때문에 난도가 그렇게 높지 않을 것으로 전망됩니다. 하지만 그럴수록 '기본 개념'의 중요성은 더욱 커집니다. 개념을 안다면 쉽게 풀 수 있는 문제라 난도 자체는 높지 않지만 공식과 유형을 암기만 한 아이들이 잘 풀지 못하는 문제가 바로 그런 '기본 개념'을 묻는 문제거든요. 따라서 시험 문제가 쉽든 어렵든 수학 개념을 제대로 학습하는 것은 수학 학습의 가장 중요한 목표여야 할 겁니다.

그런데 '수학 개념'이라는 것은 정확히 무엇일까요? 많은 아이가 개념과 정의를 혼동합니다. **개념이란 한마디로 표현된 '정의' 그 자체가 아니라 '머릿속에 있는 추상적인 생각을 문제를 푸는 수학적 경험을 통해서 저절로 터득한 원리'**를 말해요. 한마디로 설명하기가 어렵고, 그만큼 단시간에 개념을 익힌다는 것 또한 매우 어렵습니다. 암기로 해결되는 부분이 아니거든요. 하지만 그동안 대부분의 아이들은 교과서나 문제집에 쓰여 있는 정의는 아니까 '나는 개념을 알고 있다'고 착각하는 경우가 많았습니다.

개념을 익히기 위해서는 기본적으로 두 단계가 필요합니다.

1단계, 용어의 정의와 성질 등을 정확하게 알 것.
2단계, 실제 문제에 적용하면서 밀도를 높여갈 것.

우선 각 학년군에서 배우는 수학 용어를 빠짐없이 정리해야 합니다. 85p.에 있는 테스트를 참고해도 좋지만, 아이가 직접 교과서에서 찾아보면 맥락까지 함께 볼 수 있어서 더 좋습니다. 다음의 순서에 따라 직접 해볼 수 있게 지도해 주세요.

1) 새 학기 직전에 날을 잡아서 2~3일 동안 이번 학기에 배우게 될 수학 교과서를 '소설 책' 읽듯이 가볍게 읽어봅니다.
2) 만약 교과서를 읽을 때 중간에 쓰인 낯선 용어 때문에 수월하게 읽히지 않는다면 그 용어에 표시를 해 놓고 계속 읽습니다.

수학 진짜 잘하는 법을 알려줄게요.

3) 그렇게 한 단원, 한 단원씩 교과서 한 권에 있는 모르는 용어 찾기가 끝나면 이제부터는 그 용어의 뜻을 찾아볼 차례입니다. 교과서에도 설명이 있고요, 자습서, 문제집, 수학사전, EBS MATH 같은 수학 학습 사이트나 수학 동화 등 다양한 도구를 활용해서 함께 찾아주세요. 그리고 이렇게 찾은 용어에 대한 설명은 '개념 카드' 속에 '나만의 언어로 정리'해 봅니다.

개념 카드 만들기

국어 어휘 또는 영단어 학습을 위해 아이에게 한 번이라도 플래시 카드를 만들어 준 경험이 있는 분이라면 '수학 개념 카드'도 낯설지 않으실 거라 생각합니다. 생긴 모양과 만드는 방법은 동일하거든요. 아이들의 학년과 용어의 난이도에 따라 공간을 활용하는 정도가 약간씩 다를 수 있지만 기본적으로 앞면에는 용어를, 뒷면에는 정의와 성질 같은 것들을 적습니다. 초등 저학년 때는 이런 가장 간단한 정보만 넣어서 만들어요. 다음의 예시를 보시면 이해가 더 쉬우실 겁니다.

짝수

2, 4, 6, 8, 10처럼
둘씩 짝을 지을 수
있는 수

앞면

뒷면

<저학년 개념 카드 예시>

초등 고학년이나 중고생이 되면 개념 카드에 좀 더 많은 정보를 담을 수 있습니다. 카드 앞면의 맨 위에는 해당 용어를 쓰고 그 아래에는 정의와 성질, 공식 등 이 용어를 설명하는 것들을 적은 후에 뒷면에는 개념을 적용한 예시 문제나 틀렸던 문제 등을 적어 두는 거죠. 휴대와 편집이 쉽도록 한쪽에 구멍을 뚫고 고리를 걸어서 상시 학습하고, 또 필요에 따라서 카드의 순서와 조합을 바꿔 활용하면 좋습니다. 완벽히 알게 된 것은 빼 내고 새로 만든 것을 끼우는 식으로요.

사실 이 개념 카드 만들기를 '뜻 찾아 적기'라고 단순하게 생

수학 진짜 잘하는 법을 알려줄게요.

비율

기준량에 대한
비교하는 양의 크기

(비율) = (비교하는 양) ÷ (기준량)

$$= \frac{비교하는\ 양}{기준량}$$

1) KTX를 타고 3시간 동안 서울에서 부산까지 약 300 km를 갔다

⇨ (걸린 시간에 대한 간 거리의

$$비율) = \frac{간\ 거리}{걸린\ 시간}$$

$$= \frac{300}{3} = 100$$

2) 물 200mL에 소금을 10g을 섞어서 소금물을 만들었다

⇨ (물의 양에 대한 소금의 양의

$$비율) = \frac{소금의\ 양}{물의\ 양}$$

$$= \frac{10}{200} = \frac{1}{20}$$

앞면   뒷면

<고학년 개념 카드 예시>

각하실 수도 있습니다. 하지만 수학 개념 하나를 완벽하게 이해하기 위해서는 정의, 성질 등을 정확하게 알아야 해요. 이 과정을 통해, '알고 있다'며 자칫 그냥 넘어갈 수 있는 부분까지 재확인함으로써 구멍 없이 수학 개념을 쌓아갈 수 있습니다.

이렇게 개념 카드를 잘 만들었다면 모든 개념 공부가 끝이 난 걸까요? 아니요, 당연히 그렇지 않겠죠. 열심히 만든 개념 카드를 가지고 지금부터 진짜 개념 공부를 시작해 보겠습니다.

개념 누적 복습법

아무리 개념 카드를 잘 만들었다고 해도 한 번만 봐서는 그 내용을 오래 기억할 수 없습니다. 우리 아이가 어릴 때부터 암기에 있어서 탁월한 능력을 보이는 천재가 아니었다면 누구나 복습 없이는 공부한 내용을 쉽게 잊어버릴 거예요.

독일의 심리학자이자 실험심리학의 선구자인 헤르만 에빙하우스가 발표한 〈에빙하우스의 망각 곡선〉에 따르면, 20분이 지나면 암기한 내용의 41.8%가 망각되고 1시간이 지나면 55.8%를 잊는다고 합니다. 따라서 기억량을 최대한 끌어올리려면 주기적인 복습은 반드시 필요해요.

이 점에 착안하여 하루 공부 분량을 정한 후 그에 맞춘 반복 학습 계획을 세워보겠습니다. 반복 주기는 단원, 중간/기말고사처럼 '범위가 정해진 시험'으로 삼는 것이 좋습니다. 예를 들어

수학 진짜 잘하는 법을 알려줄게요.

볼게요.

　　우선 반복 학습을 위한 준비물인 개념 카드와 '기본 문제집' 1권
(교과서 문제 풀이로도 대체 가능함)을 **준비**합니다. 초등학생이니 주
말은 빼고, 월요일부터 금요일까지 하루 2개씩 총 10개의 개념을
누적 학습하는 것으로 반복 주기를 잡았어요.

　•1일 차

개념 2개가 정리된 개념 카드를 꼼꼼하게 읽고, 기본 문제집에서
해당 개념과 관련된 문제를 찾아 풉니다. 틀린 문제는 다시 개념
노트를 통해서 학습하고요. 동시에 문제 풀이를 통해 새롭게 알
게 된 내용은 카드의 빈 공간이나 포스트잇에 적어 보완합니다.

　•2일 차

1일 차에 틀렸던 문제를 다시 풀어보고, 1일 차에 공부한 개념
2개도 카드를 다시 읽으며 빠르게 복습해요. 오늘도 새로운 개념
2개가 정리된 개념 카드를 꼼꼼하게 읽고 기본 문제집에서 해당
개념과 관련된 문제를 찾아 풉니다. 그러고 나서 틀린 문제는 다
시 개념 카드를 통해 학습하고, 새롭게 알게 된 내용에 대한 보완

도 동일하게 카드에 해둡니다.

·3일 차

1, 2일 차에 틀렸던 문제를 다시 풀어봅니다. 1일 차에 틀렸던 문제 중 2일 차에 다시 풀었을 때 완벽히 이해한 문제는 다시 풀지 않습니다. 2일 차까지 공부한 개념 4개도 카드를 다시 읽으며 빠르게 복습합니다. 오늘도 새로운 개념 2개가 정리된 개념 카드를 꼼꼼하게 읽고, 기본 문제집에서 해당 개념과 관련된 문제를 찾아 풉니다. 또한 틀린 문제는 다시 개념 카드를 통해 학습하고 개념 카드에 새롭게 알게 된 내용에 대한 보완도 동일하게 실시합니다.

·4일 차

1, 2, 3일 차에 틀렸던 문제를 다시 풀어봅니다. 1, 2일 차에 틀렸던 문제 중 어제 다시 풀었을 때 완벽히 이해한 문제는 다시 풀지 않습니다. 3일 차까지 공부한 개념 6개도 카드를 다시 읽으며 빠르게 복습합니다. 오늘도 새로운 개념 2개가 정리된 개념 카드를 꼼꼼하게 읽고, 해당 개념과 관련된 문제를 찾아 풉니다. 틀린 문제는 다시 개념 카드를 통해 학습하고요. 개념 카드에 새롭게 알게 된 내용에 대한 보완도 동일하게 실시합니다.

수학 진짜 잘하는 법을 알려줄게요.

1, 2, 3, 4일 차에 틀렸던 문제를 다시 풀어봅니다. 1, 2, 3일 차에 틀렸던 문제 중 어제 다시 풀었을 때 완벽히 이해한 문제는 다시 풀지 않습니다. 4일 차까지 공부한 개념 8개도 카드를 다시 읽으며 빠르게 복습하고, 오늘도 새로운 개념 2개가 정리된 개념 카드를 꼼꼼하게 읽습니다. 그러고 나서 기본 문제집에서 해당 개념과 관련된 문제를 찾아 풀고, 틀린 문제는 다시 개념 카드를 통해 학습합니다. 개념 카드에 새롭게 알게 된 내용에 대한 보완도 동일하게 실시해요.

•6일 차(일주일을 정리하는 날)

일주일 동안 틀렸던 문제 중 어제(5일 차) 틀렸던 문제를 제외하고 다시 한번 풀었을 때 정확히 이해한 문제는 다시 풀지 않습니다. 그동안 공부한 개념 10개의 카드를 다시 한번 빠르게 읽고, 다음 파트에서 소개할 백지 테스트를 실시하면서 나만의 언어로 다시 한번 정리합니다.

원리가 이해되셨나요? 개념 누적 복습은 개념 이해와 함께 문제 적용 풀이도 반드시 실행함으로써 앞에서 설명한 **'개념을 실제 문제에 적용하면서 밀도를 높이는' 방식**입니다. 새로운 개념을 배우게 되는 날, 전날까지 누적해서 공부한 내용을 다시 한번 빠르게 복습하고 틀린 문제들도 반복적으로 풀어보는 것이죠(여러 번 반복한 것일수록 눈에 익고, 장기 기억으로 저장되기 때문에 다시 보는 시간이 줄어듭니다.).

여기에서 중요한 것은 첫째, **반복해서 문제 풀이를 할 때에 조금은 다른 방법을 사용하여 문제를 새롭게 풀어보려는 노력하는 것입**니다. 둘째는 4, 5일 차로 회 차가 늘어나면서 **누적되는 내용을 나만의 언어로 요약하고 또 연결 고리를 찾아서 머릿속에 간략하게 라도 정리하는 연습을 하는 것**이에요. 그리고 주의점은 너무 긴 주기로 누적 학습량을 쌓게 되면 10~11일 차에는 복습해야 하는 양이 너무 많아질 수 있다는 겁니다. 한 주에 최대 10개의 연결된 개념을 끝내는 것으로 계획을 세우면 좀 더 수월하게 진행할 수 있습니다.

백지 테스트와 목차 활용법

이제 개념 학습의 마지막 단계입니다. 전 단계에서 개념 카드를 만들고 개념 누적 복습법을 통해서 제대로 된 학습을 진행했다면 이제는 학습 효과를 스스로 확인하는 과정입니다.

누적 복습을 한 후 3~5일이 경과하고 나서 아이가 셀프로 '백지 테스트'를 진행하게 해 주시는 겁니다. 방법은 간단해요. 백지를 준비한 후, 그동안 공부한 개념의 가장 상위 개념(보통 단원 명)을 쓴 후 기억나는 모든 것을 적어보는 거예요. 만일 아이가 빈 종이를 너무 넓게 느끼거나 막막해한다면 목차를 활용하는 것도 좋은 방법이라고 일러 주세요.

교과서 또는 문제집을 참고하여 해당 단원의 목차를 쭉 적어두고 각 세부 목차 아래에 자신이 기억하는 모든 것을 적으면 됩니다. 적을 것이 더는 없을 때까지 적습니다. 처음에는 당연히 쓸 수 있는 것이 별로 없을 거예요. 이때 절대로 낙담하지 않아야 합니다.

테스트가 종료된 후 즉시 그동안 공부했던 개념 카드와 비교하면서 잘못 쓴 것은 없는지, 빠뜨린 것은 없는지, 바꿔 쓰지는 않았는지 등을 확인합니다. 부족한 부분은 빨간색 펜으로 (스스로 빨간펜 선생님) 적으면서 다시 학습하는 거예요. 이 과정이 반복되면 다음 백지 테스트는 조금 더 발전합니다.

백지 테스트를 지속하면 어떤 효과가 있을까요? 머릿속에 수학 개념 전체가 도식화될 수 있습니다. 요약정리가 되어 자리 잡게 돼요. 그리고 문제를 풀 때마다 이 개념들이 활용됩니다. 이보다 더 완벽한 수학 개념 공부 방법이 있을까요? 처음부터 모든 것을 완벽하게 할 수는 없지만 하나씩 가능한 것부터 시도해 보시고 마지막까지 소신 있게 우리 아이를 이끌어주세요. 결과가 그 노력을 반드시 보상해 줄 겁니다.

수학 진짜 잘하는 법을 알려줄게요.

・・・

'수학 문제집' 200% 활용하기

수학 공부는 문제 풀이 과정이 절대적인 비중을 차지합니다. 그리고 어떤 문제를 어떻게 푸는지에 따라 아이의 수학 성적이 판가름 나죠. 앞에서는 문제집 선택의 원칙, 우리 아이 수준에 적절한 문제집 고르는 법 등 '어떤 문제집을 풀게 할지'에 대해 살펴보았어요. 여기서는 한 권의 문제집을 완벽히 소화하여 내 것으로 만드는 방법, 즉 '어떻게 푸는지'에 대한 모든 것을 소개합니다.

문제집 N회독 하기

문제집을 어떻게 풀어야 제대로 푸는 걸까요? 우선 우리 아이들이 실제로 문제집 푸는 상황을 짚어보겠습니다.

문제집을 푼다. ⇨ 채점을 한다. ⇨ 틀린 문제는 다시 푼다. 맞았으면 넘어가고 그래도 모르겠으면 답안지를 본다. ⇨ 답안지를 보고 이해한 것 같으면 넘어간다. ⇨ 문제집 한 권을 다 풀

없다 싶으면 다른 문제집을 찾는다.

이것이 일반적인 상황입니다. 이런 식으로 많게는 한 학기에 5~6권씩 푸는 아이들이 있어요. 우리는 이걸 '양치기'라는 말로 표현합니다. 하지만 양치기가 무조건 나쁜 것은 아니에요. 고등학생이 되어 이미 개념을 완벽하게 학습했다면 가능한 한 많은 응용 문제를 풀면서 틀린 문제만 계속 반복하는 전략을 쓰기도 하거든요. 문제 패턴은 결국 개념의 범주 안에 있기 때문에 틀린 이유를 확실히 알고 비슷한 문제를 반복해서 풀다 보면 실력이 쑥쑥 오릅니다. 이게 고2~3 때 양치기로 실력을 완성해 가는 방법이에요.

하지만 우리 아이는 초등학생이죠. **양치기보다는 문제집 한 권을 완벽하게 푸는 것이 훨씬 더 중요할 때**입니다. 그리고 이 방법을 배워서 적어도 고 2가 되기 전까지는 내 수준에 맞는 '기본 문제집' 또는 정복하고 싶은 '도전 문제집' 한 권을 N회독 하는 학습을 이어가는 것이 좋습니다.

여러 번 반복해 푸는 횟수를 늘리게 되면 처음에는 그저 문제를 맞고 틀리는 것에 불과하지만 점차 출제자의 의도, 묻고자

수학 진짜 잘하는 법을 알려줄게요.

하는 개념과 원리를 고민하는 지점에 이릅니다. 문제를 반복해서 풀어 보면 문제를 바라보는 관점이 달라진다는 거죠. 또한 N회독의 반복 학습은 완결된 공부 경험으로써 아이의 공부 완성도를 높여줍니다.

그리고 하나의 문제집을 완벽히 이해하고 나면 그다음에 푸는 문제집은 생각보다 아주 쉽게 풀어 나갈 수 있어요. 일단 새로운 문제집 속에 '기존에 풀었던 것과 중복된 문제는 풀지 않는다 (비슷한 수준, 같은 유형의 문제집이라면 중복된 문제가 많습니다)', '어렵고 새로운 문제만 푼다'는 원칙을 세운다면 그때부터는 한 권의 완벽한 문제집 덕에 3~4권도 빠르게 풀 수 있게 됩니다.

이런 장점이 많은 N회독 문제집 풀이법! 초등 때부터 훈련할 수 있는 방법을 소개해 드리겠습니다.

1) 문제를 풀 때 (1회 차) 모든 문제 번호 옆에 O, △, X를 표시합니다. O는 '자신 있게 풀었다'는 의미, △는 '완벽하게 알지는 못하지만 그래도 풀었다'는 의미, X는 '아무리 고민해 봐도 못 풀겠다'는 의미입니다.

2) 채점을 합니다.

3) 우선 맞은 문제를 먼저 볼게요. O 표시를 했는데 답도 맞은 문제는 다시는 안 봐도 되는 문제입니다. △ 표시를 했는데 맞은 문제는 맞은 문제 중 나중에 1순위로 다시 풀어봐야 할 문제고요. (조금만 힌트를 주면 풀 수 있는 문제입니다.) X 표시를 했는데도 맞은 문제는 2순위입니다. (찍어서 풀었을 가능성이 있습니다.) 1순위 문제는 1회만 다시 풀면 되고요. 2순위 문제는 아래 4의 X 문제와 같은 3순위로 취급합니다.

4) 이번에는 틀린 문제를 보겠습니다. O 표시를 했는데 틀린 문제는 틀린 문제 중 다시 풀어봐야 할 문제 1순위입니다. 분명히 '자신 있다'고 했는데 틀렸다는 것은 풀이 과정 중 착각을 했거나 문제를 잘못 읽는 등의 실수를 했을 가능성이 높으니까요. △ 표시를 했는데 틀린 문제는 잘 모른다는 얘깁니다. 그러므로 2순위고요. X 표시를 했는데 틀린 문제는 정말 아무것도 모르는 문제예요. 모든 문제를 통틀어 가장 마지막에 다시 풀어야 하는 3순위 문제입니다.

5) 우선 순위에 따라서 4)의 문제를 다시 풉니다. 2회 차 풀기 (1차 오답)가 되겠죠. 1, 2, 3순위 문제를 차례대로 풀고요. 맞았다면, O ⇨ ●, △ ⇨ ▲, X ⇨ ⊗ 로 표시하고, 틀렸다면 O ⇨ O O, △ ⇨ △△, X ⇨ X X처럼 원래 있던 도형 옆에 똑같은 도형을 하나씩 더 그려 줍니다. 2회 차 풀기를 했는데도 틀린

문제는 교과서, 개념 카드 등을 공부한 후 3회 차 풀기(2차 오답)를 진행할 때 다시 풀고요. 3회 차에서도 틀린 문제는 답지를 보고 공부한 후에 4회 차(3차 오답) 때 다시 풀어야 합니다.

6) 회 차 수만큼 해결되지 못한 문제는 계속 반복하고 있습니다.

7) 이런 방식으로 계속 진행하다 보면 문제 번호 옆에 여러 개의 도형이 그려져 있을 겁니다. 우리의 목표는 빈 도형 ○, △, X 를 채워진 도형 ●, ▲, ⊗로 만드는 거예요. 자신이 각 문제를 얼마나 온전히 이해하며 해결하고 있느냐에 따라서 적게는 1회만 푸는 문제가 있을 수 있고, 4회 이상 풀어야 하는 문제도 있습니다. 결국 모든 문제에 표시된 도형이 ●, ▲, ⊗가 될 때까지 풀기를 반복합니다.

문제집 N회독 풀기는 오답을 관리하는 가장 대표적인 방법입니다. 빈 도형을 다 채울 때까지 반복해서 푸는 것이기에 간편하죠. 또한 이 방식은 오답 봉투에 들어갈 문제를 뽑기에도 굉장히 용이합니다. 3, 4회 푼 문제(2, 3차 오답)가 그 대상이 될 거예요.

결국 문제집 한 권을 완전히 '씹어 먹는다'는 것은 학생의 풀이 외에도 온갖 표시가 되어 있고, 여기저기 오려져서 너덜너덜해진 상태를 일컫는 것일지도 모르겠습니다. 최대한 자세히 설명하려고 애썼는데요, 더 직관적인 이해를 원하신다면 다음 QR코드를 통해 영상을 시청해 주세요.

수학 진짜 잘하는 법을 알려줄게요.

· · ·

수학 '오답' 해결하기

아이들이 수학 문제를 틀리는 이유는 크게 세 가지 유형으로 분류할 수 있습니다. 각각의 원인이 다른 만큼 해결을 위한 접근 방식도 달라야 하죠. 효과적인 학습을 위해서 우리 아이가 어떤 유형의 실수를 주로 하는지 파악하고 그에 맞는 해결 전략을 세워주세요.

오답이 생기는 이유 3가지와 해결법

첫째는 '**습관적 오답**'입니다. 이것은 잘못된 풀이 방식이나 계산 습관이 고착된 경우를 말하는데요, 예를 들어서 분수의 덧셈에서 분모까지 서로 더해 버리거나 약분을 안 하거나 '+, −' 부호 처리를 실수하거나 특정 문제를 풀 때 항상 같은 단계에서 실수하는 겁니다. 이건 몰라서 틀리는 게 아니라서 더 큰 문제예요. 특히 초등학교 때 형성된 잘못된 습관이 중학교, 고등학교까지 이어지는 경우가 많습니다.

이러한 습관적 오답을 교정하기 위해서는 의식적인 노력이 필요합니다. 문제를 풀 때마다 특별히 주의해야 할 부분을 체크리스트로 만들어서 확인하는 것이 가장 좋습니다. 예를 들어 '부호 확인하기', '단위 맞추기', '분모 통분했는지 확인하기' 등의 항목을 만들어서 문제를 풀 때마다 항목을 떠올리며 체크해 보는 거죠. 처음에는 시간이 많이 걸리겠지만 이러한 과정을 반복하면서 올바른 습관이 형성되면 자연스럽게 오답이 줄어들게 됩니다.

둘째는 '**개념적 오답**', 곧 수학적 개념을 잘못 이해하고 있는 경우입니다. 이는 가장 심각한 경우이며 관련된 모든 문제에서 같은 실수가 반복될 가능성이 높습니다. 예를 들어 (초등) 단위 분수의 정의를 잘못 이해하고 있거나 (중등) 삼각형의 닮음 조건을 혼동하고 있거나 (고등) 로그의 성질을 잘못 알고 있는 경우 등입니다. 특히 이러한 오개념이 상위 학년으로 올라가면서 누적되면 훨씬 더 심각한 문제가 됩니다.

개념적 오답을 바로잡기 위해서는 해당 개념을 처음부터 다시 학습하는 방법밖에 없습니다. 교과서로 돌아가 개념의 도입부터 차근차근 따라가면서 잘못 이해한 부분을 찾아 바로잡아야 하죠. 이때 중요한 것은 단순히 공식을 암기하는 것이 아니라 그 개

수학 진짜 잘하는 법을 알려줄게요.

넘이 왜 그렇게 정의되는지, 어떤 원리로 작동하는지를 이해하는 겁니다. 거기에 더해 여러 가지 예시 문항을 통해서 문제에 어떻게 적용되는지까지 연결 학습을 해야함은 물론이에요. 미리 만들어 둔 개념 카드가 있다면 이때 매우 유용하게 될 것입니다.

셋째는 '**부주의로 인한 오답**'입니다. 실제로는 개념을 알고 있고 풀이 방법도 알고 있지만 문제를 제대로 읽지 않거나 계산 과정에서 실수를 하는 경우예요. 이건 가장 빈번하게 발생하는 오답 유형이며 다양한 형태로 나타납니다. 단위를 잘못 쓰거나(cm를 m로) 부호를 빼먹거나 문제의 조건 중 하나를 놓치거나 답을 베끼면서 숫자를 바꿔 쓰거나 소수점 위치를 틀리게 찍는 등 그 종류가 매우 다양합니다.

이러한 부주의 오답을 줄이기 위해서는 체계적인 확인 습관이 필요합니다. 문제 하나를 풀더라도 최소한 두 번 확인하는 것이 좋아요. 첫 번째 확인에서는 계산 과정에 실수가 없는지, 단위는 제대로 썼는지, 부호를 빼먹지 않았는지 등을 꼼꼼히 살피고, 두 번째 확인에서는 문제에서 요구하는 것이 무엇이었는지를 다시 한번 확인하는 겁니다. 종종 문제를 맞게 풀어놓고도 답을 잘못 적는 경우가 있기 때문입니다.

이때 중요한 것은 처음 풀 때와는 다른 방식으로 확인해 보는 것입니다. 예를 들어 덧셈을 했다면 빼기로 확인해 보고, 곱셈을 했다면 나눗셈으로 검산해 보는 식이죠. 특히 문장제 문제의 경우, 구한 답이 문제의 상황에서 말이 되는지 한 번 더 생각해 보는 것이 좋습니다.

각각의 오답 유형에 따른 구체적인 대처 방안을 실천할 때에는 전반적인 학습 태도도 함께 점검하는 것이 좋습니다. 1) 충분한 시간을 가지고 차분하게 문제를 읽고 2) 풀이 과정을 꼼꼼히 적으며 3) 답을 구한 후에는 반드시 확인하고 검산하는 습관을 들이는 것이 중요해요. 특히 시험 상황에서는 시간에 쫓겨 더 많은 실수가 발생하기 쉬우므로 평소에 이러한 습관을 철저히 들여야 합니다.

또한 오답 문제를 풀 때도 단순히 틀린 문제 풀이만 하는 것이 아니라 어떤 유형의 오답이었는지, 왜 그런 실수를 했는지, 앞으로 어떻게 주의할 것인지를 구체적으로 기록하는 것이 도움이 됩니다. 그래서 **쓰기에 거부감이 적은 아이라면 '실수 노트'를 써보는 것을 권합니다.** 아무래도 실수가 한 군데 모여 있으면 내가 주로 하는 실수가 무엇인지 쉽게 파악하게 되고 같은 실수를 반복하지 않도록 더 주의하게 돼서 행동이 개선되는 효과가 있기 때문입니다.

'사교육' 활용하기

아이들의 수학 학습 과정에서 사교육의 도움이 필요한 시기는 언제든지 올 수 있습니다. 하지만 단순히 '남들이 하니까', '이 학원이 유명하니까'라는 이유로 선택하는 것은 바람직하지 않죠. 모든 교육 방식에는 저마다의 특징과 장단점이 있고, 무엇보다 아이마다 학습 성향과 필요한 도움이 다르기 때문입니다.

어떤 아이는 선생님과 단 둘이 공부하는 것을 좋아하고 어떤 아이는 친구들과 함께할 때 더 잘 배웁니다. 또 어떤 아이는 체계적인 관리가 필요하고 어떤 아이는 자유로운 환경에서 더 효과적으로 학습하죠. 그래서 사교육을 선택하기에 앞서 각 사교육의 유형별 특징을 파악해서 우리 아이에게 가장 적합한 방식이 무엇인지 신중하게 판단해야 합니다.

지금부터 각각의 학습 방식을 자세히 살펴보면서 어떤 유형의 아이에게 어떤 방식이 효과적인지 함께 알아보도록 하겠습니다.

사교육의 종류별 장단점

'**인터넷 강의(인강)**'는 시간과 장소에 구애를 받지 않고 자유롭게 학습할 수 있다는 장점이 있습니다. 학습자가 스스로 난이도와 스케줄, 강의 속도(배속) 등도 조절할 수 있기 때문에 자기 주도적인 학습이 가능하죠. 하지만 이것은 동시에 강력한 의지력이 필요하다는 것을 의미하기도 합니다. 또한 인터넷 사용의 유혹이나 긴 수강 시간 등은 초등학생이 혼공을 하기에 부담스러운 부분이기도 하죠. 특히 개별 질문이나 오답 풀이가 어렵다는 구조적인 한계가 있기 때문에 **주로 선행 개념 학습을 할 때 적합한 방식**이라고 할 수 있습니다.

'**하브루타형 학원**'은 질문하고 답하는 수업을 중심으로 하여 수학적 사고력과 함께 토론·발표 능력을 동시에 개발할 수 있는 곳입니다. 학생의 적극성과 참여를 전제로 하기 때문에 자신감과 자존감 향상에도 큰 도움이 되죠. 그래서 외향적인 성격이거나 수학을 좋아하거나 자신감이 있는 아이에게는 효과적이에요. 하지만 내향적이고 수학에 두려움이 큰 아이에게는 이곳에 적응하기가 수학 실력의 향상보다 더 힘든 과제일 수 있습니다. 즉, **개**

인의 잠재 능력에 따라서 그 효과가 크게 달라질 수 있는 특징을 가진 학원입니다.

'**자기주도학습형 학원**'은 인터넷 강의의 장점과 개별 지도의 장점을 결합한 형태입니다. 개인의 수준에 맞는 맞춤형 수업이 가능하고 개별 질문과 오답 풀이가 가능하다는 장점이 있죠. **뚜렷한 학습적 목적이 있어서 선택한 학원이라면 장점을 잘 살려 활용하면 좋습니다**. 다만 강사나 학원 프로그램의 질에 따라 효과가 크게 달라질 수 있어 주의가 필요합니다.

우선 강사가 학년과 수준이 다른 아이들을 한 공간에 두고 치우침 없이 시간을 분배하여 관리한다는 것은 생각보다 쉬운 일이 아닙니다. 수업 참여자 중 질문이 너무 많거나 실력이 현저히 부족하여 많은 시간을 투입해야 하는 아이가 있을 때, 다른 아이들이 손해(?)보지 않도록 하는 것이 강사의 노하우거든요. 충분한 경력과 실력을 갖추고 있는 강사여야 수업을 잘 이끌어갈 수 있습니다. 또한 그냥 '학부모가 원하는 문제집 진도 나가기'처럼 학원 만의 뚜렷한 프로그램이 없는 상태로 수업을 진행할 때는 집중력이 부족한 초등학생 아이라면 시간만 때우다 오는 경우가 있어서 주의가 필요합니다.

수학 진짜 잘하는 법을 알려줄게요.

'**판서식 강의형 학원**'은 가장 전통적이고 보편적인 형태로서 정해진 커리큘럼(교재, 진도 등)에 따라 안정적인 강의 위주의 수업이 진행됩니다. 구성원에 크게 영향을 받지 않고 어느 정도 보장된 수업이 가능하다는 장점이 있지만 인원이 많을 경우에는 아이들 간의 학습 격차가 생길 우려가 있고, 그에 따라 소외되는 아이가 생길 수도 있습니다. 따라서 **관리가 중요한 초등학생에게는 인원 수를 제한한 수업이어야만 의미가 있습니다.** 또한 정해진 커리큘럼과 교재를 가지고 수업을 진행하기 때문에 수업 외 개별 질문이 어렵다는 단점이 있습니다.

'**소규모 수업이나 그룹 과외**'는 비슷한 수준의 아이들이 함께 공부하면서 적절한 경쟁을 통해 동기부여를 받을 수 있다는 장점이 있습니다. 하지만 멤버의 성실성에 따라서 수업의 효과가 크게 달라질 수 있죠. 또한 소수라고 하더라도 개인별 스케줄 관리가 필요하다는 특징이 있습니다. 단점은 비슷한 수준의 아이들을 모으기가 힘들다는 점이고요.

'**1:1 과외**'는 가장 집중적인 개별 지도가 가능한 형태입니다. 학생 한 명에게 모든 관심이 집중되기 때문에 맞춤형 교육이 가능하지만 **강사와의 궁합이 매우 매우 중요**합니다. 실력과 교육 능력을 겸비한 강사를 찾기가 쉽지 않고, 장기화될 경우에 매너리즘에 빠지거나 그만두어야 할 타이밍을 정(?) 때문에 놓치는 등 수업 효과가 떨어질 수 있다는 점을 고려해야 합니다. 게다가 모든 사교육 종류 중 금전적인 부담이 가장 큽니다. 최근에는 비대면, 태블릿을 이용한 1:1 과외가 가능한 프로그램이 많이 있어서 조금은 부담이 덜어질 수 있습니다.

각각의 학습 방식은 저마다의 장단점이 있기 때문에 아이의 성향, 학습 목표, 현재 상황 등을 종합적으로 고려하여 선택해야 합니다. 또한 하나의 방식에 고착되어 의지하기보다는 '사교육은 필요에 따라 언제든 여러 방식을 적절히 조합하여 활용하는 것'이라는 생각을 항상 염두에 두셨으면 좋겠습니다.

좋은 수학 학원의 조건

많은 학부모님이 수학 학원을 선택할 때 재원생의 성적 향상이나 선행 학습 진도(속도)를 주요한 기준으로 삼곤 합니다. 그

수학 진짜 잘하는 법을 알려줄게요.

것들도 물론 중요하지만 초등학생의 경우에는 그보다 더 중요한 전제 조건이 있습니다.

가장 먼저 꼽고 싶은 조건은 '**우리 아이와의 궁합**'입니다. 아무리 유명한 학원이라도 아이가 가기 싫어하는 곳이라면 의미가 없기 때문이에요. 선생님이 아이에게 관심을 가지고 아이의 눈높이에 맞춰 소통하며, 수업에서 아이가 활기찬 모습을 보일 수 있는 곳이어야 합니다. 두 번째로 중요한 것은 '**세심한 관리와 소통**'입니다. 많은 수학 학원이 주로 성적표나 테스트 결과만을 학부모에게 전달하는데요, 좋은 학원은 다릅니다. 아이가 수업에 어떻게 참여하는지, 어떤 부분에서 어려움을 겪는지, 어떤 성장이 있었는지 등을 꾸준히 공유하죠. 마치 초등 영어 학원에서 여러 행사를 거치며 학부모와 자연스럽게 소통하는 것처럼 말입니다. (초등 수학 학원만큼은 '영어 학원 같은 수학 학원'이 좋습니다.)

이러한 기본적인 조건이 충족된 후에야 비로소 수학 학습적인 측면을 고려할 수 있습니다. 하나씩 살펴보도록 할게요.

우선, '**개념과 문제 풀이 공부의 균형을 잘 잡는 학원**'에 보내셔야 합니다. 이 둘은 수학 공부의 중요한 두 축이지만 대다수 학원에서는 특정 기간 안에 정해진 과정을 끝내야 하기 때문에 개념 학습을 생략하는 경우가 있습니다. 대표적으로 선행 진도를 유형서 한 권을 가지고 1~2개월 안에 끝내는 학원이 그런 예죠. 이런 경우에 아이들은 수학 개념이 아니라 문제 풀이 요령만 배우게 될 가능성이 높습니다. 초등 수학은 상대적으로 개념의 난도가 낮은 편이기 때문에 문제 풀이만으로도 개념을 일부 익힐 수 있지만 고난도 문제나 중등 수학부터는 개념의 이해 없이 문제를 푸는 것은 어렵습니다. 개념을 따로 배우지 않아도 문제를 풀면서 저절로 개념을 익힐 수 있다는 얘기는 (아주 쉬운 부분을 제외하고는) 개념 학습에 신경 쓰지 않는 학원의 편리한 핑계일 뿐입니다.

그리고 더 큰 문제는 초등 때 이렇게 '수학 공부 = 문제 풀이'로만 배운 아이들이 개념 학습의 중요성을 깨닫게 되는 시기가 고등학교 때라는 사실입니다. 초등학교 때부터 쌓아야 할 개념들을 전혀 쌓지 못했기 때문에 중고등 수학의 개념도 제대로 잡혀 있을 리 없습니다. 돌아서면 금방 잊어버리는 공식만 남아 있기 때문에 고등 수학에서 좋은 성적을 받는 것은 결코 쉽지 않을 겁니다.

그러니 상담하러 가실 때 '개념 공부에 할애하는 시간이 따

수학 진짜 잘하는 법을 알려줄게요.

로 있는 학원'인지를 꼭 확인하셔야 합니다. 예를 들어, 개념에 대해서 따로 테스트를 한다거나 "개념 연결이 매우 중요해서 저희 학원은 개념 학습을 신경 써서 합니다."라고 소개하는 곳이라면 적어도 개념 학습의 중요성을 잘 알고 있는 상태에서 아이들을 지도하는 학원이기 때문에 일단은 괜찮은 수학 학원일 가능성이 높습니다.

둘째, **바뀌는 평가 방식에 맞춰 역량 대비를 해 주는 학원**이어야 합니다. 지필평가 서·논술형, 수행평가의 쓰기 항목, 이런 것이 아이들의 내신 성적을 좌지우지합니다. 그럼에도 학원에서는 여전히 중간/기말고사로 불리는 지필고사만 대비해 주고 있어요. 물론 서술형 대비는 한다고 합니다. 그런데 정말 제대로 잘 진행하고 있을까요?

서술형 대비는 지금까지 해오던 시험 대비와는 조금 달라야 합니다. 아이들의 서술형 답안지를 채점해 보면 본인이 알아서 잘하는 아이(극히 일부)도 있지만 대다수는 제대로 작성을 하지 못해요. 답을 맞힌 아이들도 대부분 감점을 당합니다. 보통 남학생들은 서술형 답안을 너무 대충 쓰고 여학생들은 반대로 쓸데없이 길게 씁니다. 쓰는 요령을 전혀 모르니까요. 서술형 답안지 작성 방법을 조금만 배운다면 감점을 당하지 않을 텐데 그냥 서술형 문제 푸는 연습만 시킬 뿐 A부터 Z까지 제대로 가르쳐주는 곳이 거의 없습니다.

그래서 아이가 스스로 터득하거나 부모님의 손길이 필요하죠. 수업만 받을 거라면 요즘은 좋은 인강과 프로그램이 넘쳐나고 있으니 그걸 이용하면 됩니다. 아직도 현실을 모르고 예전 방식으로 가르치는 학원도 있지만 아이들에게 진정 필요하고 학부모님이 원하는 여러 교육 프로그램을 발 빠르게 반영하는 곳도 많습니다. 그런 곳을 찾으셔야 해요. 그러므로 수학 학원에 가서 상담하실 때 해야 할 두 번째 필수 질문은 "서술형 대비는 어떻게 해주시나요?"입니다.

수학 진짜 잘하는 법을 알려줄게요.

수학 진짜
잘하는 법을
알려줄게요.

수학 지도가 어려운
초등 학부모를 위한
전략적 수학 학습 로드맵

초판 1쇄 발행 2025년 2월 26일

지은이   주단
펴낸이   김혜영
펴낸곳   북북북

출판등록   제2021-000064호
주소   서울특별시 송파구 중대로 197, 305
전화   (02) 855-2788
이메일   vukvukvuk@naver.com

ISBN   979-11-977485-7-8 (13590)